科学原来这么有趣!

越玩越聪明的
科学魔法

[英]安娜·克莱伯恩 著

徐廷廷 译

让你的朋友们惊掉下巴吧!

长江出版传媒 | 长江文艺出版社

图书在版编目（CIP）数据

越玩越聪明的科学魔法 ／（英）安娜·克莱伯恩著 ；
徐廷廷译 . -- 武汉 ： 长江文艺出版社，2022.9
　　ISBN 978-7-5702-2501-9

　　Ⅰ . ①越… Ⅱ . ①安… ②徐… Ⅲ . ①科学实验－青
少年读物 Ⅳ . ① N33-49

　　中国版本图书馆 CIP 数据核字 (2022) 第 016626 号

越玩越聪明的科学魔法
YUE WAN YUE CONGMING DE KEXUE MOFA

图书策划：陈俊帆
责任编辑：雷　蕾　付玉佩　　　　责任校对：毛季慧
装帧设计：格林图书　　　　　　　责任印制：邱　莉　胡丽平

出版：长江出版传媒 ｜ 长江文艺出版社
地址：武汉市雄楚大街 268 号　　　邮编：430070
发行：长江文艺出版社
http://www.cjlap.com
印刷：湖北金港彩印有限公司

开本：720 毫米 ×920 毫米　　1/16　　　印张：8
版次：2022 年 9 月第 1 版　　　　2022 年 9 月第 1 次印刷
字数：30 千字

定价：32.00 元

引言

想用烧脑的实验、游戏和魔法让你的家人和朋友惊掉下巴？那你真是来对地方了！

科学是什么？

科学其实就是知识。所有关于世界是什么、怎么运转以及如何为我们所用的知识。

为了弄清上面几个问题，科学家们会做实验和测试。他们把东西混合、加热或冷却，观察它们的变化。实验材料五花八门，比如电、磁、浮力，甚至会用到融化和凝固的特性。

举个例子：远古人类学着生火、用火做饭，这就是科学。

阿拉伯科学家哈桑·伊本·海塞姆解释了光如何以直线进入我们的眼睛，并形成上下颠倒的图像。

暗房（详见69页）

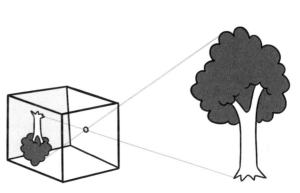

艾萨克·牛顿弄清了重力怎样把物体拉向地球……

……艾格尼斯·普克尔斯用实验解释了水的表面张力。

（详见17页）

刚才发生了什么？

有时候，科学实验的结果会奇奇怪怪、出乎意料甚至让人惊喜。

日常所见的空气、水、叉子、鸡蛋，甚至我们的大脑都能制造出神奇的效果……看这本书你就会知道。但这并不是魔法，只是科学而已！

有了这些刁钻的科学知识，你就能用各种方式让朋友们惊掉下巴。让物体消失、对抗重力、制造错觉、制作超棒的美术或音乐作品。有的实验能做出吃的东西，有的还能制造炫酷的声光效果。快来一起发现吧！

葡萄干浮起来了！

你知道为什么有的东西会浮起来，有的会沉下去吗？一颗小小的葡萄干既能浮又能沉哦！

魔法开始

将新打开的气泡水倒进干净的玻璃杯。丢一颗葡萄干进去，它会沉到杯底。好戏要开始了！没有吗？再等一两分钟，你会发现，葡萄干竟然慢慢浮上了水面。

别急！再等一会儿，水面上的葡萄干又开始下沉了。然后又上浮。一遍一遍、浮浮沉沉，活像一艘皱巴巴的小潜水艇。多来几颗，欣赏它们上上下下的舞步吧！

为什么？

葡萄干的密度（就是同等大小下的重量）比纯水大，所以会下沉。但是气泡水里含有二氧化碳，会变成气泡从水中释放出来。气泡会附着到杯底的葡萄干粗糙的外皮上。气泡越聚越多，就会带着葡萄干浮起来。但是浮上水面后，葡萄干上的气泡就会破裂，里面的二氧化碳也会跑掉。于是，葡萄干又变重了，又会重新沉下去。得到气泡时，葡萄干的密度变小，失去气泡时密度又会变大，这就是它上浮和下沉的秘密。

空气

压载水舱

排出空气

注入水

排出水

注入空气

你知道吗?

你有没有想过,潜水艇是怎么下沉和上浮的?原理跟葡萄干差不多。潜水艇内部有个空间叫压载水舱。往里面注入水,潜水艇就会下沉。在里面释放压缩空气,把水挤压出去,它就能上浮了。就像葡萄干身上的气泡,空气让潜水艇的密度变小,于是它就浮起来了。

神奇的纸桥

大家都知道，桥一定要结实，所以要用纸来造桥。哈哈，当然不是了！只不过这个实验只能用纸。怎么样，能做到吗？

你需要一张纸和三罐未开封的饮料。挑战是在两罐饮料之间架一座桥，用纸哦！而且纸桥要足够结实，能撑住第三罐饮料的重量！

向你的朋友或家人发起挑战，来建一座足够结实的桥吧！他们绝对会想破脑袋。秘诀在这里——先把纸平摊，再折成折扇的样子。

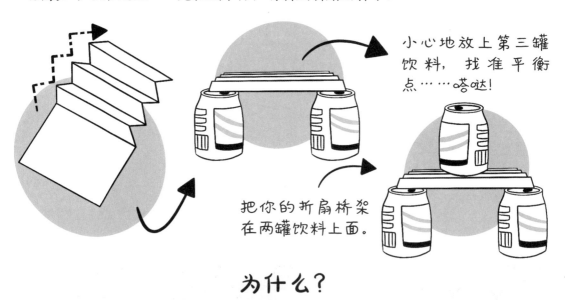

小心地放上第三罐饮料，找准平衡点……嗒哒！

把你的折扇桥架在两罐饮料上面。

为什么？

摊开的纸可做不成桥，一点点重量就会把它压弯。可是，如果把纸折起来，改变它的形状，压力就会落到一道道折痕上。每道折痕下面都有一个三角形的结构，而三角形正是最坚固、最稳定的结构之一。

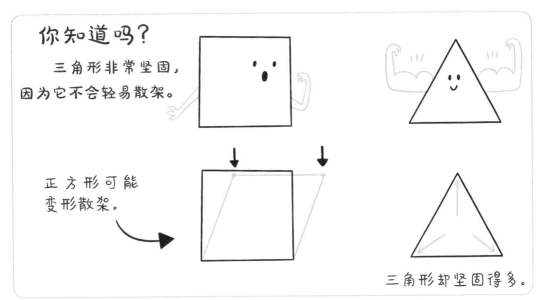

你知道吗？

三角形非常坚固，因为它不会轻易散架。

正方形可能变形散架。

三角形却坚固得多。

推不倒我！

所以，建筑师们会利用三角形结构来建造抗震建筑。比如美国旧金山的泛美金字塔。

9

不可思议的叉子

要不是亲眼所见，你肯定觉得这个魔法难以置信。我敢说，你的朋友一定会目瞪口呆。

魔法开始

找一个玻璃杯和一根火柴（或者牙签）。你能把火柴的一头搭在杯口，另一头朝外，让它保持平衡不掉下去吗？像这样——

是不是觉得根本不可能？还真有可能哦！只需要在火柴上别两把叉子，让它变重一点就能做到。是的，你没听错。

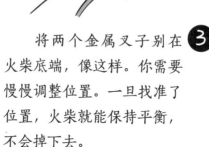

② 叉子的把手为这里增加了重量。

将两个金属叉子别在火柴底端，像这样。你需要慢慢调整位置。一旦找准了位置，火柴就能保持平衡，不会掉下去。

③

这里就是重心。

为什么？

火柴为什么能保持平衡？

用超简单的科学知识就能解释。物体的重心就是它的平衡点。不过，重心不一定都在物体的中间。重心是一个点，重量在它周围均匀分布。

这个实验中，叉子和火柴组成了一个不规则的形状，重心正好落在火柴头上。

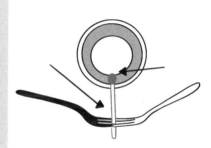

快来试试吧！

这个神奇的叉子实验还可以用硬币来做。把硬币的一端塞进两把叉子的缝隙里，另一端搭在杯口上。来找平衡点吧。

小菜一碟！

蛋壳到底多结实？

蛋壳又薄又脆，很容易打碎，对吧？还真不一定哦！准备好大吃一惊吧！

魔法开始

你需要四个生鸡蛋，还需要一位大人帮忙。先把鸡蛋打开，尽量把蛋壳分成同样大小的两半。倒出蛋液（可以留着做饭用），用温水和洗洁精小心地洗净蛋壳。在地板上铺一块毛巾，把蛋壳扣在毛巾上，像这样：

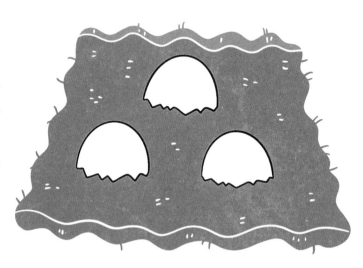

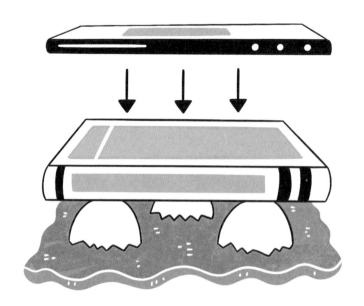

然后找一本大大的硬皮精装书放到蛋壳上。你觉得，要摆多少本书才能把蛋壳压碎？

为什么？

你会发现，蛋壳上能摞好多本书，远远超出你的想象。如果你认识体重很轻的小朋友，让他站到书上试试，没准蛋壳还是压不碎。虽然蛋壳又薄又脆，特殊的形状却让它非常坚固。如果你用力压蛋壳的顶部，力量就会被分散到四面八方，所以很难压碎。

你知道吗？

特殊的形状让蛋壳非常结实，所以巢里的鸟儿坐着孵蛋并不会把蛋压碎。除非新生的小鸟从里面把蛋壳啄破。小鸟的嘴巴能够啄开蛋壳，就像你在碗沿上磕破鸡蛋一样。

不准重复走过的路

没人相信，你碰都不碰这个鸡蛋，就能让它完完整整地掉进这杯水里……可你就是能！

魔法开始

你需要一个新鲜鸡蛋和一只能装下鸡蛋的玻璃杯。把玻璃杯放在托盘上，倒进半杯水，杯口盖上一个金属或塑料的餐盘，在盘子中间放一个卫生纸卷筒，最后把鸡蛋横放在卷筒顶部。准备好了！

如图所示，从侧面快速击打盘子，鸡蛋就会直直地落进杯子里。

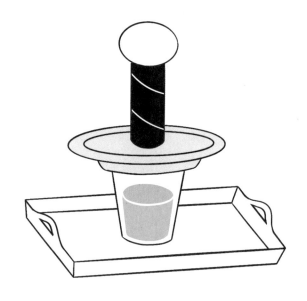

扑通！

理想的结果应该是这样。不过你最好先练习一下，再给大家演示。万一实验失败，至少托盘会接住摔烂的鸡蛋。

为什么？

鸡蛋落进杯子是因为它有惯性。惯性让物体保持它原来的状态——不管是运动，还是静止。鸡蛋是静止的，就会保持静止，除非有其他的力让它运动。

你击打盘子的时候，纸筒和盘子瞬间就飞走了。纸筒根本来不及带动鸡蛋。在那一瞬间，鸡蛋就悬浮在半空中，直到重力把它直直地拉下来……扑通！

奇怪的乒乓球

用吹风机吹乒乓球会怎样？你可能觉得，乒乓球肯定会被吹走啊……再想想！

魔法开始

你只需要一个乒乓球和一只吹风机（大人同意才能用）。将吹风口垂直朝上，打开开关。把球放在气流中间，松手。奇迹出现了，乒乓球居然停住了！

就算你把吹风口歪向一边，球还是会停在那里。

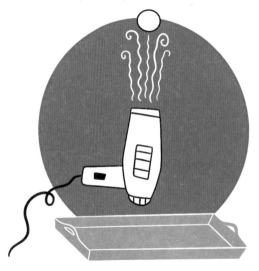

为什么？

球停在那里当然是因为气流在吹它，可为什么吹不走呢？一股气流碰到球时，就会转弯，从它旁边绕过去，这就是所谓的"康达效应"。它会制造出一个低气压，把球朝旁边拉去。但是因为球周围有很多股气流，它们产生的拉力把球拉向四面八方。拉力相互抵消，球就停在中间了。

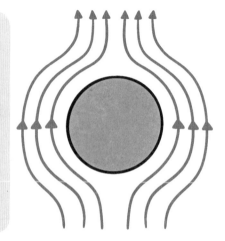

肥皂船

造一艘快船，"嗖"地划过水面。你不需要船桨或螺旋桨，也用不到帆，只要有洗手液（或洗洁精）就够了。

魔法开始

用泡沫板剪一只小船，形状参考下图（没有泡沫板的话用纸壳也行）。在塑料托盘里倒一些水。把小船放在水面上。往手指尖上挤一点洗手液，涂到船尾凹槽的内壁上。看，它跑了！

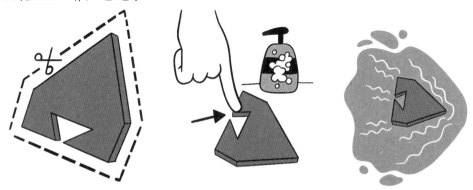

为什么？

有一种力叫"表面张力"，会让水表面的水分子互相吸引。加入洗手液，小船尾部的水表面张力就会变小，而船头的水表面张力依然很大。船头的水分子一起用力，就把小船拉过去了。艾格尼斯·普克尔斯（Agnes Pockels）在厨房洗碗时，首次发现了这一现象。于是她做了一些相关的实验，并写出了第一篇关于表面张力的论文。

对抗重力

一共有 1、2、3 种方法把一杯水倒过来，一点也不弄洒！

方法1：水杯转转转

这个实验最好用纸杯来做。找一根约1米长的绳子，在杯子两侧各钻一个洞，把绳子的两头分别穿进去，在里面打个结。

装 2/3 杯水。提起绳子，先小心地左右摇晃，再抡圆胳膊甩起来。

（安全起见，最好在户外进行。）

为什么？

把水关住的这种力叫作"离心力"。你把杯子甩起来的时候，水也跟着动了起来。它想直直地飞出去，但是绳子和杯子都拦着它。所以它只好乖乖待在杯子里。要甩得足够快，实验才能成功哦！

方法2：明信片魔法

找一只塑料杯装满水，一直满到杯口。在杯口盖一张明信片，用手捂住明信片，把杯子倒过来。放开手！咦？什么也没发生啊！

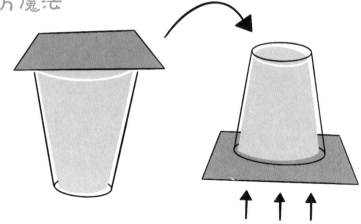

为什么？

我们周围的空气会朝各个方向挤压物体。这种力叫作"大气压力"。大气压力向上托起明信片，这种力大于把水拉向地面的重力，所以明信片不会掉下来！

方法3：魔法网兜

还有一种方法！把水装满到杯口。然后蒙上一块细布，T恤衫的布或手帕都可以。一定要绷紧绑好，托住杯口，迅速将杯子倒过来。

看吧！不漏！

为什么？

布上布满小孔。但是当布绷紧时，表面张力会让水分子紧紧聚在一起，所以不会漏出来。

钢铁吸管

你的朋友能完成这个土豆挑战吗？他们需要把一根纸质吸管扎进一颗生土豆。

实验开始

用吸管扎土豆时，他们肯定会遇到很大的困难。要么把吸管弄弯，要么把吸管折断。这里有个窍门：像下图那样，先用大拇指堵住吸管一头，另外四根手指握住吸管，再用力扎土豆。咦，你瞧！

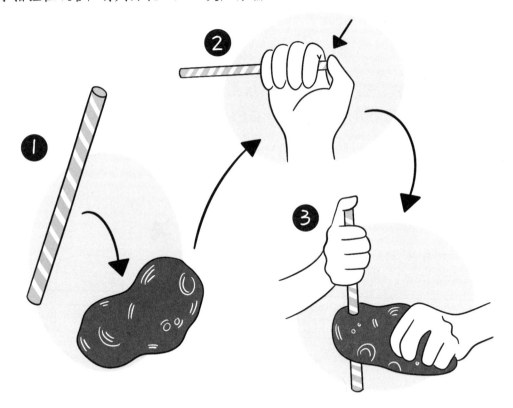

为什么？

你用大拇指堵住吸管时，空气被堵在了吸管里。空气让吸管变得更硬更结实（就好比吹起了一只细长的气球）。吸管往土豆里扎得越深，里面的空气就被挤压得越厉害，吸管也就越结实。

双重弹跳

扔下一只弹力球，它一定弹不到原来的高度，除非你知道秘诀。

实验开始

先扔一只球，观察它的弹跳方式。不管橡胶球、网球还是足球，都只会越弹越低。这是因为，球撞到地面，发出声音的时候会消耗掉一部分能量。

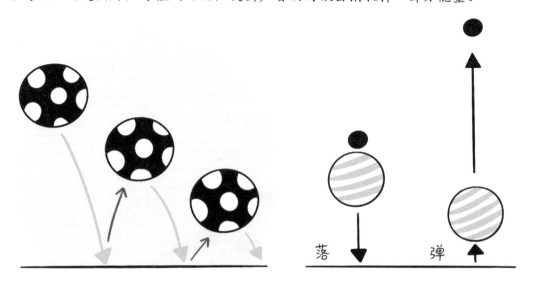

落　　　弹

现在注意，秘诀来了。取一只大球，比如足球，在它上面放一只小球，让两只球同时落地。乒! 乒! 你会发现，小球弹得特别高!

为什么?

两只球落地时，小球会落在大球上，就像落在蹦床上。大球弹回来的时候，它的弹力会传递到小球上，小球得到了额外的能量，所以会弹得特别高。

纸的力量

来感受一下纸的力量吧！你只需要一张大大的报纸，包装纸也行，还有一把木头尺子。

魔法开始

将尺子搭在桌子边，大概有一半伸到桌子外。然后把报纸沿着桌子边缘摊开，盖在尺子上。尽量把报纸铺平，再小心地沿着尺子边缘压平。

现在，用最大的力气拍尺子的另一端，把报纸撬起来。开始！

什么？撬不起来？

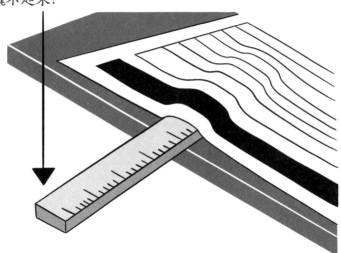

为什么？

薄薄的报纸似乎压住了尺子——怎么可能？ 实际上，压住尺子的并不是报纸的力量，而是空气的力量。纸的面积越大，压在尺子上的气压就越大。如果报纸够大，就会有足够的气压把尺子压住。

不过，如果你慢慢地压尺子，就能把它撬起来。慢慢地压，空气就来得及进入报纸与桌子之间的空隙。于是，报纸上方和下方的气压一样了，再撬就简单了。

你知道吗？

我们周围的气压来自地球的大气层——它像毯子一样裹住了整个地球。

在大多数地区，大气层的厚度足足有 100 千米呢！

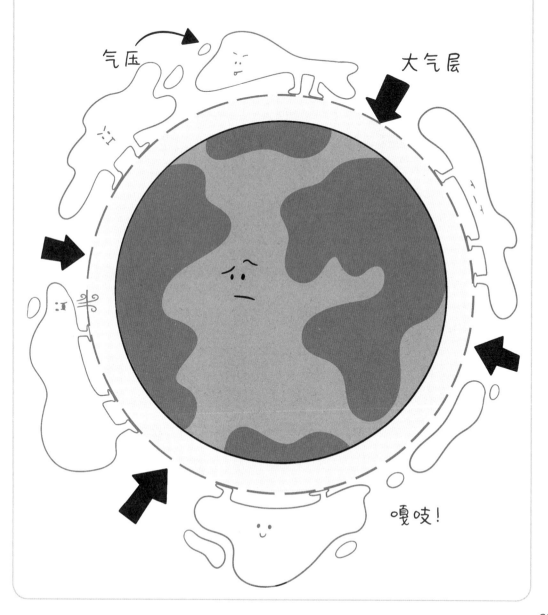

气压

大气层

嘎吱！

吹进瓶子

还有比把球吹进瓶子更简单的事吗？其实啊，说起来容易，做起来可难了。

魔法开始

先找一只干净的大塑料瓶。再团一个结实的小纸球。球要足够小，不能被卡住。

把瓶子放倒，纸球放在旁边，让你的朋友把球吹进瓶子里。是不是觉得肯定超简单？恰恰相反——球怎么老是弹回来呢？

再试试其他东西。比如小玩具或小绒球。

为什么?

原因在于，瓶子已经是满的了。没错，装满了空气！你往瓶子里扔东西，一部分空气就会被挤出瓶子。但你往瓶子里吹气，就不是这样了。你只会把更多的空气吹进瓶子，而空气会把物体推开。

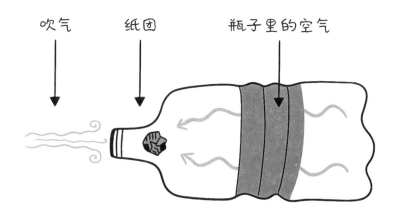

吹气　　　纸团　　　瓶子里的空气

你知道吗?

其实，有个办法能做到。拿一根吸管对着纸团吹，就能把它吹进瓶子了。这样，空气只会对准纸团，而不会绕过纸团，吹进瓶子。于是瓶子里的一部分空气被挤出来了，瓶子里就有地方可以留给纸团了。试一下吧！

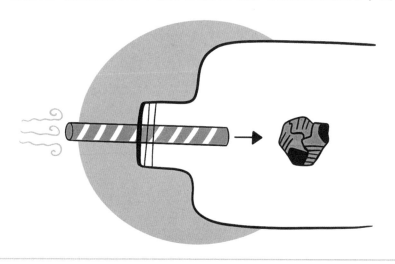

奇异的欧不裂

这是一种烂泥，一种超奇怪、超疯狂的烂泥。这种物质的性质非常奇特，有人叫它"欧不裂"。做法却又快又简单。

魔法开始

制作欧不裂只需要玉米淀粉和水。对了，还要在室外操作，免得到处飞溅。在厨房或浴室里也行，打扫起来比较容易。

找一只小杯子做量杯。一杯玉米淀粉搭配2/3杯水。如果你用6杯玉米淀粉，就要加4杯水。把原料倒进大碗。

玉米淀粉　＋　2/3杯水　＝　混合

轻轻搅拌，用手把水和淀粉拌匀，搅拌到黏稠的状态即可。然后就是魔法时间——

用力击打表面——会觉得它非常坚硬。轻轻按压，又觉得它很软。

抓一把，使劲握——它会变成结实的一团。松开手，又会像沙子一样流走。

找一个塑料的东西，将它放在表面，它会慢慢下沉。试着往外拔，又会发现它被死死卡住，像是陷在了流沙里！

这是什么怪东西？

固体还是液体？

为什么？

这种挑战你认知极限的物质，有一个奇特的名字——"非牛顿流体"。

这种物质的黏度会随着压力而改变。受到挤压时，分子们会紧紧锁在一起，感觉就像固体。轻轻地或慢慢地移动它，它又会变成液体。

吧唧

你知道吗？

有人把欧不裂灌进浅水池或游泳池，在里面跑着玩。只要速度够快，就能顺利地跑过表面，不会陷下去。可一旦停住脚步，马上就会陷进去！

火箭发射

这一定是你期待的实验——会噼啪响的那种。伴随着激动人心的爆炸，你的火箭会飞向天空（或者天花板）。

魔法开始

找一个带盖的管状小塑料瓶，必须是掀盖的（不能用拧盖的）。以前那种装胶卷的小瓶最合适。有些装零食、维生素片、闪光粉或珠子的瓶子也行。

你还需要一些小苏打和醋。最好在室外进行，免得弄脏屋子。

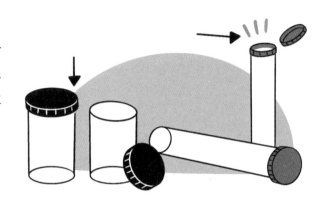

装大概 1/3 瓶醋。

瓶盖内侧朝上，在中间放一勺小苏打。

迅速盖上瓶盖，压紧。然后瓶口朝下放在地上……**躲开**！

嗖！

砰！

为什么?

这是一个非常典型的化学反应。两种物质相互混合,发生反应,变成了新的物质。新物质中有一种气体——二氧化碳。气体充满了瓶子,使里面的气压升高,气压冲击瓶盖,把它推开。于是瓶身向上弹起,像火箭一样飞走了。

你知道吗?

可以给塑料瓶包一层纸,再粘上尖头和翅膀。你的火箭就更像样了。

隐形的墨水

隐形墨水非常适合传递秘密讯息——例如"今晚在雕像旁边等我！"或者"别忘了买巧克力！"幸运的是，这种墨水用家里常见的材料就能做。

魔法开始

首先，你需要一些柠檬汁。可以用现成的瓶装柠檬汁，也可以自己用柠檬挤一些汁。用一只细毛笔蘸着柠檬汁，把信息写在一张白纸上。写好后完全晾干。

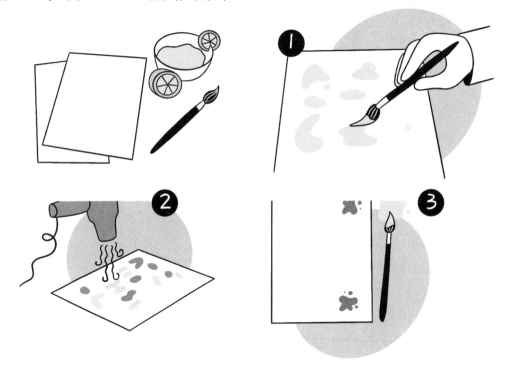

你的秘密伙伴只需要用吹风机的热风吹一下这张纸，就能识别你的密信。（使用吹风机要征得大人同意！）隐形的字会慢慢变成棕色，秘密讯息就能揭晓了。

为什么？

大多数食物都含有深色的碳元素，包括柠檬汁。受热后，柠檬汁会与空气产生反应，里面的一些碳原子被释放出来，让字变成了棕色。

试一试

　　还有几种东西也能做**隐形墨水**。有些间谍喜欢用白醋、苹果汁、牛奶甚至洋葱汁。你也可以试试。还可以尝试别的果汁和饮料。看看效果怎么样。

看不见的水

想象一下，朝蜡烛的火苗上倒水，火就会灭，对吧？这个实验也是倒水，只不过水是隐形的。（提示一下，不是真的水哦！）

魔法开始

这个实验需要小苏打和醋

——每个科学魔法师的常备材料。

在大人的帮助下，将一根蜡烛放在隔热的盘子上点燃。

在量杯里加几勺小苏打，再加入同样多的醋。它们就会发生反应——冒泡了。

用手盖住杯口，轻轻拿起杯子。将杯子放在火苗上方，把手从杯口拿开。杯口朝下倾斜，作出倒水的样子。（别把杯底的混合物倒出来。）你没看见有东西倒出来，蜡烛却灭了。

为什么？

　　小苏打和醋混在一起会发生化学反应，产生二氧化碳。这种看不见的气体比空气重，所以不会飘走，而是聚集在杯子里。你做出倒水的动作，就会把二氧化碳从杯子里倒出来，浇在蜡烛上。火苗的燃烧需要空气中的氧气，倒出来的二氧化碳把空气挤走了。火苗得不到氧气，就熄灭了。

非常安全！

收缩的零食袋

快速烘烤一下，就会把零食袋变成超可爱的缩小版。

安全警告！
这个实验要用到烤箱，所以必须有大人帮忙。

魔法开始

你需要一个空塑料零食袋——颜色越鲜艳越好。把它洗净晾干，再用一张烘焙油纸把它包起来，翻个面，压平。

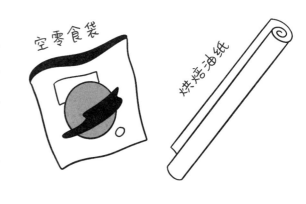

空零食袋

烘焙油纸

预热烤箱，设定为 200℃。将包好的零食袋放进烤盘，让大人帮忙放进烤箱。烤大约三分钟，再让大人给拿出来。

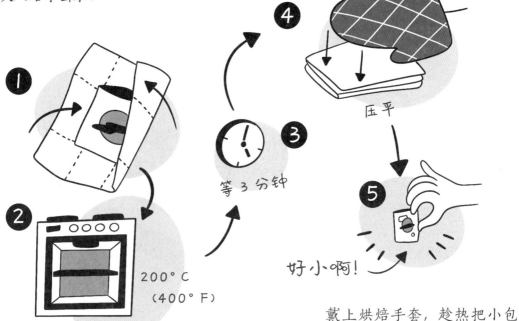

① ② 200°C（400°F）

等 3 分钟 ③ ④ 压平 ⑤ 好小啊！

戴上烘焙手套，趁热把小包裹压平。凉透后再打开。

为什么？

这种塑料袋是用一种叫聚合物的材料做成的。聚合物的分子排列成一种有弹性的长链。制作零食袋的原材料时，人们会加热聚合物，让分子链伸开，冷却后，它们会保持伸开的状态。

不过，当你再次加热，长长的分子链就会缩起来，变短。于是零食袋就缩小了。

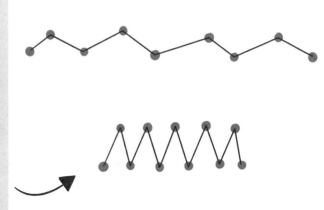

你知道吗？

你可以用打孔机给这个迷你袋子打个洞，做成钥匙扣或项链，也可以穿上安全别针，做成拉链头。

结冰的玻璃

这个炫酷的科学小魔法能在玻璃或镜子表面造出像冰一样的晶体——不需要寒冷的天气。

魔法开始

这个魔法要用到泻盐（硫酸镁）。 除了我们平时吃的盐，还有许多其他种类的盐，泻盐就是其中一种。人们把它放在洗澡水里，用来放松肌肉。超市或药店就能买到。

找齐这些就开始吧：

盐　　水

洗手液

擦手纸巾

① 烧水

请大人帮忙烧一壶开水，倒出半杯。

② 在半杯开水中加几茶匙泻盐，搅拌至融化。再加入两滴洗手液，搅匀。

③ 浸入

稍微放凉后，用布或擦手纸巾蘸一些溶液，抹到玻璃或镜子上。

④ 窗户

……溶液干燥后，会出现漂亮的结晶图案。

为什么？

泻盐和食盐一样，都是结晶。这是由它们分子的形状和结合方式决定的。盐在水里融化的时候，里面的分子就会分散开。当水蒸发变干，盐的分子又会重新结合在一起，组成新的结晶。

那洗手液有什么用？为了方便你事后擦掉玻璃或镜子上的结晶。

你知道吗？

如果你把一根烟斗通条折成特殊的形状，放进不加洗手液的溶液里，结晶就会在通条上生长，真的像结冰了一样。

你还可以用这些液体在黑色的牛皮纸上画画。干燥后，会出现闪闪发亮的霜花。

自制熔岩灯

熔岩灯的底部有一个灯泡，上面是一个装满液体的容器，液体里有蜡。打开开关，灯光会让蜡变热，蜡就会在液体里浮浮沉沉。

魔法开始

制作你专属的熔岩灯，需要一只干净的瓶子或罐子。装 1/5 瓶水，加几滴食用色素。再小心地往瓶里倒满油。随便哪种食用油都行，比如葵花子油或菜籽油。

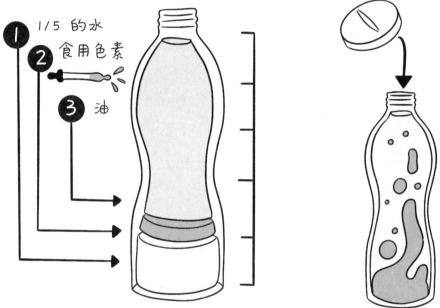

① 1/5 的水
② 食用色素
③ 油

现在你需要一颗泡腾片，比如维生素泡腾片。没有的话，爆炸沐浴球也行。把它扔进瓶子，让它沉底。一碰到水，它就会嘶嘶冒泡，鲜艳的颜色就开始上上下下、浮浮沉沉。

为什么？

油和水很不一样，不能均匀地混合在一起。油更轻，所以会浮在水的上面。泡腾片在水中冒出气泡，由于气泡更轻，所以会穿过油层，带着一部分食用色素漂到上面。到了油层表面，气泡会破裂，色素也就沉下去了。

你知道吗？

工厂生产的熔岩灯底部有个灯泡，所以看起来非常闪亮。

你可以在自制的熔岩灯底部放个闪光灯或手电筒，也能达到相同的效果。

你知道吗？

把油和水装进罐子，盖紧盖子，用力摇晃，它们就会混在一起。但只能维持一小会儿。只要静置一会儿，它们又会分成两层。

口袋冰淇淋

要是你说自己能在袋子里做速冻冰淇淋，朋友们肯定不信。秘方在这里！

魔法开始

你需要一大袋冰块和一袋盐。可以买成袋的冰块，也可以自己用冰格冻一些。还需要一小只带密封口的塑料食品袋、一些牛奶或牛奶替代品（比如豆浆或燕麦奶），还有糖。

把牛奶倒进小食品袋，加一点糖，喜欢的话还可以加一滴香草香精。

封好袋口。然后把盐倒进一大袋冰块中混合均匀。

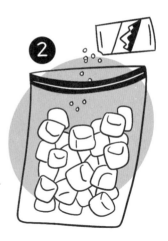

把小食品袋快速放进冰块袋中，封口。

摇晃几分钟，看看小食品袋里有什么变化！冰淇淋做好了！试试看吧！

为什么？

只用冰块，是没法让牛奶冻住的。盐才是关键。盐水结冰时的温度比普通水结冰时的温度还要低，所以，加了盐的冰才会融化。但是融化会消耗热量，为了融化，冰会把牛奶里的热量迅速抢走。于是牛奶就结冰了。

好吃！

你知道吗？

所以我们会在结冰的路面上撒盐。盐让水的冰点降低，冰就会融化，路就不滑了。

墨水花

记号笔或水彩笔的作用可不仅仅是显眼！这个魔法能找出藏在墨水里的秘密——把它变成花朵的样子！

魔法开始

你需要几张咖啡滤纸或擦手纸巾、几支可水洗的记号笔或水彩笔。（不要用油性记号笔，不管用。）

剪出直径约10厘米的圆形滤纸。用一支或两支记号笔围绕圆心，画一圈点点。像这样：

然后取一只小杯子，装水到靠近杯口的位置。

用圆形滤纸盖住杯口，对准圆心往下压，让圆心碰到水面。

保持几分钟。看，花朵出现了！

为什么？

大多数彩笔的墨水都含有几种不同的成分。纸吸到水后，水会带着墨水在纸上扩散。墨水中有些成分密度低，有些密度高，密度低的成分会随着水扩散得远一些，密度高的会近一些，于是就形成了花朵的图样。

你知道吗？

科学家们把这种方法叫作"色谱分析法"，在实验中会用到。不过不是用来画花朵，而是从一种物质中分离出不同的成分，从而弄清它的构成。

然后等滤纸干燥后，你可以把花朵剪下来，用来做拼贴画或室内挂饰。

巨型棉花糖

怎样把棉花糖变成巨无霸？很简单，放进微波炉烤就行了。（要有大人协助哦！）

将一块纯棉花糖（不带夹心、果仁的）放在烤盘中间，放进微波炉高火加热30~40秒。透过微波炉的玻璃，你会看到棉花糖慢慢变成了巨无霸！

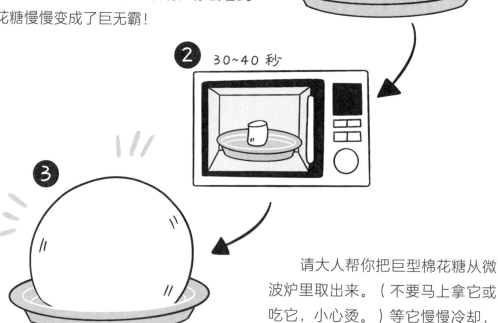

30~40 秒

请大人帮你把巨型棉花糖从微波炉里取出来。（不要马上拿它或吃它，小心烫。）等它慢慢冷却，观察它的变化。

为什么？

棉花糖是泡沫状的——就是固体里包含许多小气泡的结构。空气受热会膨胀，气泡就会变大——超级大！气泡在棉花糖内部越变越大，让棉花糖变成了巨无霸。不过，一旦冷却下来，气泡又会缩回去。

气球烤串

向朋友们发起挑战，看谁能用木签穿过一只气球，而且不能让它爆炸。（多准备几只气球。）

尽管听起来不可思议，其实非常简单！ 吹一只气球，绑好吹气口。注意不要吹太鼓。找一根木签（烤串的签子就行），轻轻地从充气口旁边往里扎，慢慢往里推，找到气球另一头的顶端——就是有个厚厚的橡胶圆点的地方，穿过这个圆点。看，气球烤串做好了！

这样不行

这样好多了！

为什么？

气球容易爆炸，是因为绷紧的橡胶一旦被扎破，就会迅速收缩，于是气球就破了，空气就会跑出来。不过，如果你扎的地方橡胶比较厚，没有过度紧绷，它就不会破了。（不过空气会慢慢漏掉。）

冷手和热手

你的身体知道什么是冷，什么是热，对吧？真的吗？
用这个神奇的魔法验证一下吧！也可以让你的朋友试试。

魔法开始

你需要三只大碗，烘焙用的搅拌碗就行。一只装热水（不能太热，不烫手就行）；第二只装水龙头里的冷水；第三只装温水。

把三只碗放在桌子上，温水放中间。一只手伸到热水里，另一只伸到冷水里。在水里停留大概 60 秒，然后把两只手拿出来，一起放进温水里。感觉怎么样？

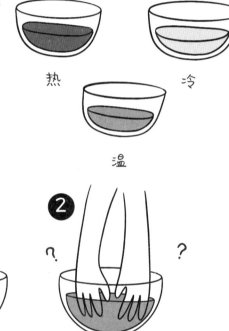

热　　　　冷

温

为什么？

如果你严格遵循了实验步骤，这会儿你就会觉得一只手像在泡热水，另一只像在泡凉水。太奇怪了，明明两只手都在温水里呀！

其实，我们的身体不太擅长感受温度。我们能感受到温度的差别和冷热的对比，却感受不到精确的温度。之前泡过热水的手现在感觉凉，是因为它适应了热水的温度。反过来也是一样。

你知道吗?

我们不能完全信任身体,它无法精确地告诉我们物体的冷热。所以要用温度计来测量温度。

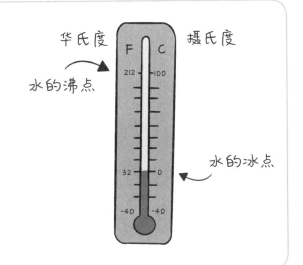

华氏度 摄氏度

水的沸点

水的冰点

在日本的雪山里,猕猴们享受着热水浴带来的温暖,简直跟人类一样!

冰块垂钓

这个游戏非常有趣，适合一家人围坐在餐桌旁一起挑战。谁能用一根绳子，钓起漂在杯中的冰块呢？

魔法开始

你需要一碗水或一杯水，水面上漂一块冰块。取一根 30 厘米左右的绳子。随便哪种细绳或线都可以。挑战是：不用手，只用绳子把冰块钓出来。

不管他们怎么努力，用绳子钩冰块也好，在冰块上打结也好，冰块都会滑走。有个窍门：把绳子搭在冰块表面，撒一层薄盐在冰块上，几分钟后，轻轻拉起绳子——看，冰块被钓起来了！

为什么?

盐会使水的冰点降低。所以撒上盐后,冰块的顶部就开始融化,绳子会浸到融化的冰水里。不一会儿,融化的水把盐冲走了,化掉的水又会重新结冰——这次会把绳子一起冻住!

你知道吗?

要是你正好来了灵感,还可以借助食用色素,观察盐是怎样让冰融化的。用塑料碗装水,冻一个大冰块。把冰块放进托盘,在上面滴几滴食用色素,再撒一层盐。冰块开始融化,慢慢形成深深的小水沟,色素会进入水沟,流动起来。

鸡蛋魔法一级棒

把一只去皮的熟鸡蛋放在玻璃瓶口，告诉大家，你能让它整个儿进入瓶子。他们肯定不会相信。

呜呜！——安全警告！
让大人帮你煮鸡蛋，帮你点火柴。

魔法开始

先准备道具。大口玻璃瓶最合适。（瓶口稍微比鸡蛋窄一点就可以。）酱料瓶一般都合适——只要保证内部干燥清洁就行。

请大人帮你煮一只鸡蛋。
要在开水中至少煮10分钟，确保煮透。
把鸡蛋放凉，去壳。
给鸡蛋沾水，让它变滑，再把它竖着放到瓶口。

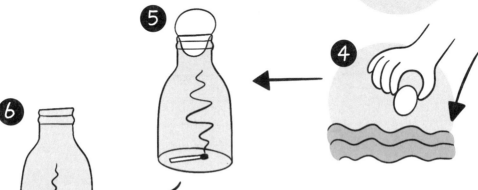

表演时，让大人帮你点一根火柴，拿开鸡蛋，把燃烧的火柴丢进瓶子，立刻把鸡蛋放回瓶口。瞧，进去了！

为什么?

魔法成功的秘诀,是因为空气和其他物质一样,受热会膨胀,受冷会收缩。火柴会加热瓶中的空气,让它膨胀。火柴熄灭后,空气又会变凉收缩。

接下来,请欣赏第二个魔术。

因为瓶口被鸡蛋堵住了,收缩的空气使瓶子里的气压变低,瓶外的气压更高,就会把鸡蛋压进瓶子。

瓶子喷泉

又是一个利用空气热胀冷缩原理的实验，能在瓶子里做出一个小喷泉！

魔法开始

先在一只大量杯里装 3/4 杯凉水，加几块冰块和几滴食用色素。找一只塑料瓶、一根吸管、一块彩泥或黏土。用彩泥包住吸管的一头团成球（大小能盖住瓶口），让吸管穿过泥球，吸管的 3/4 位于瓶口下方。用泥球塞住瓶口，剪掉吸管的顶端。

瓶口朝下，用热水冲 30 秒，确保瓶子的每个位置都已经变热。迅速把瓶子插进冰水混合物中——看，喷泉来了！

为什么？

    加热瓶子，同时也加热了瓶中的空气。变热的空气会膨胀，一部分会通过吸管跑出去。后来，瓶子遇到冰水，里面的空气迅速收缩，气压就会降低。瓶外的气压比瓶内的气压高，就会把染色的水通过吸管压进瓶子。水从吸管的另一头喷出来，看上去就像喷泉一样。

棉花糖烤箱

赶上晴朗的大热天，只需要一个空比萨盒，你就能犒劳一下自己。这个超棒的烤箱不用电，有阳光就够了。

魔法开始

取一只比萨盒，跟比萨盒一样大的带翻盖的盒子也行。沿着盒子边缘两厘米处，剪出一个翻盖。如下图：

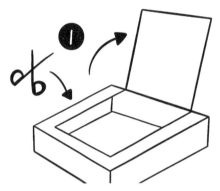

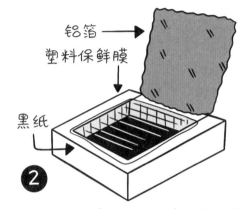

铝箔 →
塑料保鲜膜 →
黑纸 →

在翻盖内侧、盒子内侧和底部粘一层烤箱用的铝箔。在盒子底部的铝箔上面再盖一层黑纸。打开翻盖，在盒子上蒙一层保鲜膜并拉展，铺平。

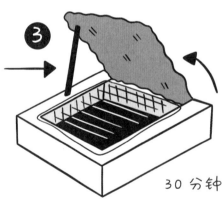

30 分钟

合上翻盖，用一根木棍或铅笔支住，像这样：

将烤箱放在烈日下，让贴了铝箔的翻盖朝向太阳。晒上半个小时，就能烤食物了！

将一块饼干或一片香蕉放在一小块铝箔上，顶上再放一小块棉花糖或巧克力。放进烤箱之后看保鲜膜的下面，会发生什么！

为什么？

铝箔会把阳光的热量反射进烤箱。

烤箱底部的黑纸吸收热量，使温度升高。外面包裹的透明保鲜膜又帮忙锁住了热量。于是盒子内部越变越热，就像玻璃温室一样。

你知道吗？

你的比萨盒烤箱可以烤各种美味的食物——
比如放奶酪片的吐司、玉米片或撒上糖和肉桂的苹果片。

螺旋转转转

如果你家或学校有暖气片或暖炉，你就可以做一个自动螺旋，简直像魔法一样。

实验开始

取一张厚卡纸，画一个下图这样的螺旋。确保螺旋从中间到边缘都是同样的宽度。

沿着线把螺旋剪下来。在中心处小心地扎一个洞，用剪刀或笔尖都行。

找一根长绳，一头打结，穿过螺旋中心的小孔。

请大人帮你挂到暖气片或暖炉的正上方。看它旋转吧！

为什么？

空气受热就会膨胀并且上升，是因为空气中的分子之间的间隔加大。冷空气更密，所以更重。暖气片的上方，暖空气会上升，即向上运动。暖空气碰到螺旋的底部，就会推着它转起来。

你知道吗？

很大一部分的天气变化，都是冷空气和暖空气大规模的下沉和上升造成的。暖空气上升后，较冷的空气就会沿着地面聚集过来，填补暖空气原来的位置。而冷空气下沉后，又会沿着地面四散流动，风就是这样形成的。

不怕火的气球

没人会相信，你能把气球放在火上烤，而且烤不炸。先让他们试试，看看会发生什么。

呜呜呜呜，安全警告！
实验中需要点火或者用到蜡烛、火柴的时候，一定要请大人帮忙。

魔法开始

你需要一些中号的气球和一支蜡烛。把蜡烛放在一只隔热的托盘上。吹一只气球，扎好吹气口。

请大人点燃蜡烛，邀请一位朋友，让他试着把气球靠近火苗，但不让它爆炸。怎么样？不行吧？气球会"啪"的一声炸掉。

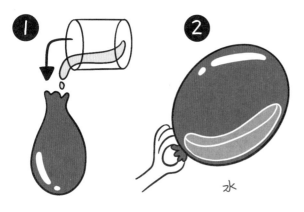

再取一只新气球，在里面装大概一杯水。把吹气口放在水龙头下面就能装进去，用漏斗也行。然后小心地吹起气球，不要把水漏出来，再把吹气口扎紧。

把气球放在蜡烛的火焰上，确保气球里的水就在火焰的正上方。
气球炸了吗？没有！

为什么?

气球不会爆炸是因为水非常善于吸收热量。使水变热需要大量的热能。所以烧开一大锅水才需要那么长时间。这也解释了为什么感觉热的时候，冷水能让你凉快下来。

在通常情况下，蜡烛的烈焰一碰到气球，密集的热量立刻就会融化橡胶，形成一个洞，让气球爆炸。但是，如果气球里有水，水就能吸收掉热量，橡胶就不会被融化。

魔法火焰

告诉大家，你不用火焰接触烛芯，就能点燃蜡烛。听起来好像不可能，但是只要学会了这个"魔法"（其实是科学），你就能做到。

呜呜呜呜，安全警告！
又是一个蜡烛魔法——所以要有大人监督。

魔法开始

要让实验成功，你必须待在没有风的室内。 只要风从开着的窗户吹进来，或者风扇一吹，实验就会失败！

先让你的朋友或家人划一根火柴，用它点燃蜡烛，但火柴的火焰不能碰到蜡烛的任何位置——不可能吧！要点燃蜡烛，就必须让火焰接触烛芯几秒钟。

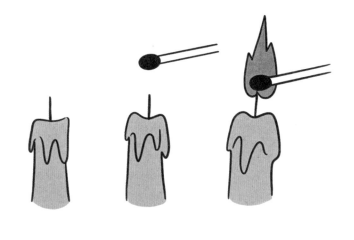

现在轮到你了。请大人点燃蜡烛，让它烧一会儿。准备一根火柴，轻轻吹灭蜡烛。蜡烛熄灭后会有一缕细烟从烛芯上升起。小心地点燃火柴，把火焰放在蜡烛上方、细烟经过的地方。哈！蜡烛自己着了。

为什么?

蜡烛燃烧时，蜡会融化，变成热热的蒸气。你看到的蜡烛火焰，就是这种蒸汽在燃烧。吹灭蜡烛时，从烛芯中冒出的烟里含有一些热热的蜡蒸气，很容易燃烧。如果你用火焰触碰这缕烟，蒸气就会着火……火向下蔓延到烛芯，就把它点燃了!

罐子压缩机

这个魔法能让一个易拉罐在冷和热的作用下瞬间变瘪。

呜呜呜呜，安全警告！
让大人帮你处理跟热有关的工作，包括拿着和打开热易拉罐！

魔法开始

先用一只大碗装满冷水，加一些冰块搅拌。再找一只干净的空易拉罐，一台烤箱和一把长金属夹。

让大人把烤箱调到最热。等待期间，你可以把几茶匙冰水倒进易拉罐。

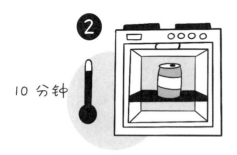

烤箱变热后，让大人帮忙把易拉罐放进去。大约10分钟后，罐子会变得非常热，里面的水会沸腾。

请大人用夹子从烤箱中取出热易拉罐，然后迅速把罐子头朝下扎进冰水。看，它嘎吱嘎吱地缩起来了！

为什么？

你加热装水的易拉罐时，水会沸腾并从液体变成气体——水蒸气。现在罐子里装满的不是空气，而是水蒸气。

当易拉罐倒着扎进冰水时，罐内的水蒸气会立刻冷却，再一次变成液态水。液态水占的空间比水蒸气要小得多。罐内的压力会下降，而它的入口又被水堵住了，所以它不能吸入空气。罐子外面的气压更大，一瞬间就把它压瘪了，就像压碎一颗葡萄一样！

你知道吗？

冷和热会让水和其他物质在固态、液态和气态之间转化。当温度低于 0℃时，水就会结冰。当温度达到 100℃时，水又会沸腾，变成气体。

冰气球

超冷的天气最适合这个超酷的魔法。

魔法开始

往气球里灌一些水，扎好吹气口，放在室外冻起来。（要是天气不够冷，你可以把气球放在冰箱里冻，先问一下大人！）

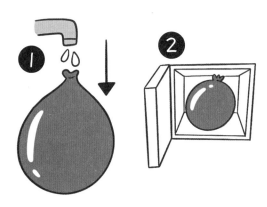

气球冻结实后，把吹气口剪掉。你就有了一个完美的冰罩。冬天的时候，可以把灯摆在户外的雪地里，再把冰气球罩在上面作为装饰。灯光会透过它射出来，一个冰气球灯就做好了。

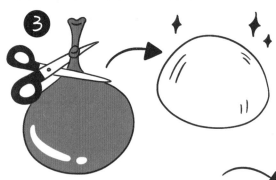

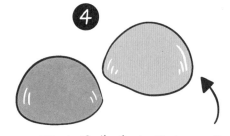

可以提前在水里加几滴食用色素。

为什么？

当你用空气或水灌满一只气球时，它会向所有的方向膨胀。

气球向四面八方膨胀的程度是相同的，所以会变成尽可能圆的形状。

冰冻泡泡

泡泡为什么很快就会破掉？要是你把它们冻起来，就不会了！

魔法开始

户外气温低于0℃时，有一个方法，可以让泡泡多存在一会儿。

用泡泡水在室外吹一个大泡泡。用泡泡棒接住它，保持不动。幸运的话，你会看到气泡表面逐渐形成冰晶图案，泡泡冻住了。

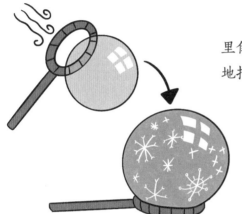

如果天气不够冷，还可以在一只小陶瓷盘里倒一些泡泡水，用吸管吹出半个泡泡。小心地把盘子和泡泡放在冰箱里，让它冻住。

为什么？

肥皂泡是由一层薄薄的肥皂液构成的。里面的空气向四面八方扩散，让它成了球形。可是，重力会把皂液拉到泡泡底部，一旦顶部变得太薄，它就会破掉。把泡泡冻住，就不会这样了，它就能多存在一会儿。

小贴士：戳破冰冻的泡泡，看看那层肥皂液有多薄。

消失的玻璃杯

取一只小玻璃杯，告诉朋友，你会让它在他们眼前消失！（当然，你最好提前试验一下！）

魔法开始

除了小玻璃杯，还需要一个大一点的玻璃碗或玻璃罐，能装进小杯子。还有一瓶食用油，比如葵花子油(使用前请先询问大人)。把杯子放在玻璃碗里，确保大家都能看到。

慢慢将油倒入碗中，直到没过玻璃杯，把碗装满。变！玻璃杯不见了！

为什么?

这个魔法能成功,是因为光线穿过透明物体时会发生弯曲,这叫作折射。 当你看一块玻璃时,你看到的是穿过它的光束。光穿过不同的透明材料,如玻璃或水时,就会弯曲并改变方向。

这就是为什么你透过玻璃碗看东西时,会觉得它们弯弯曲曲、歪歪扭扭的——因为到达你的眼睛的光线在穿过玻璃时变弯了。

有些透明的材料比其他材料更容易折射光线。但是玻璃和油折射光线的程度差不多,玻璃杯泡在油里,光线从油里进入玻璃杯再出来时,几乎不会弯曲。所以你看不到玻璃杯藏在哪里。

你知道吗?

为什么透过玻璃窗看东西时就没有这种情况? 其实也有!因为玻璃是平的,所以虽然大多数东西看起来没有变形,但实际上它们也发生了轻微的变形。

房间就是照相机

你有没有想过相机是怎么工作的？它让光线穿过一个小孔，通过这种方式捕捉画面。同样的事情，你在自己的房间里就能做到！

实验开始

有白墙的房间最合适，还要有一个容易遮盖的小窗户。
窗外要有风景——不能只有天空。

在大人的帮助下，用旧纸板箱、黑色垃圾袋或黑色厚织物遮住窗户。用易于清理的胶带把它们粘在窗户边缘，不透进一点光线。然后用剪刀或铅笔尖在纸板、塑料袋或织物上扎一个小孔。

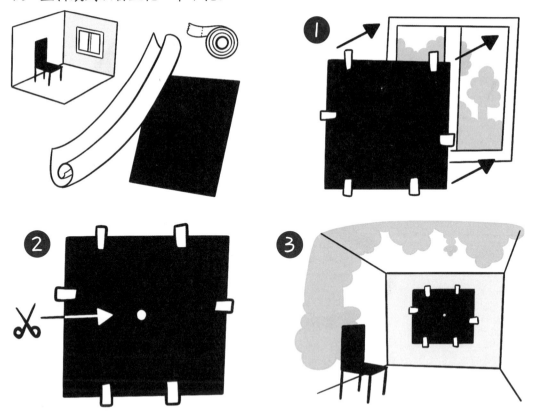

在明亮的日光下，关掉房间里所有的灯，门也关上。照相机应该可以工作了。看看窗户对面的墙壁，上面是不是有窗外风景的画面，而且是倒着的？

为什么？

房间外面所有的东西都在向四面八方反射光线。但是，只有很窄的光束可以透过这个小孔。光走的是直线，所以当一束光进入小孔时，它会继续前进，从光线发出的地方，一直来到小孔对面的墙上。这样，墙上就会形成一张窗外风景的照片，只不过是上下颠倒的！

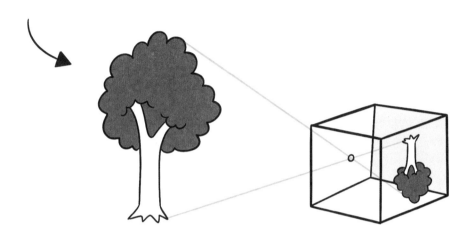

你知道吗？

这种魔法在古希腊时就有了，叫作 camera obscura。这是拉丁语，意思是"暗房"。

用光画画

你有没有在黑暗中快速挥舞过荧光棒？它们好像会留下一道亮光，就像用光画画一样！有一个方法，可以用手机摄像头永久保存这种画。

魔法开始

你需要一根荧光棒或小灯、手机摄像头、黑暗的夜晚或黑暗的房间，还有一个大人来帮忙。让大人把相机快门速度调慢。这样，拍一张照片就需要更长时间，比如10秒。（如果相机没有这个功能，就找个 App 来设置。）

荧光棒

摄像头或App

你在黑暗中挥动灯光，画出图案和形状，让大人来拍照。你会在照片中看到自己挥动灯光时"画"出的所有的线条！

为什么？

光源，比如荧光棒，会连续发射出一串光能。光能到达你的眼睛，就会转化成信号，发送到大脑。但你对光亮的感知是一次紧接着一次的，每次都很短暂。如果光源移动得很快，你可能会看到一条短短的光迹。

但相机能捕捉光亮，把它固定成图像。不管光在哪个位置出现过，相机都能把它记录下来，合并到画面中。因为周围的环境很黑，你就能看到一幅"光画"。

你知道吗？

可以用不同的灯光制造不同的艺术效果——试试小彩灯，闪烁的自行车灯，发光的床头灯，甚至发光的手机屏幕。

黑暗中的闪光

现在，你可以买到各种形状和大小的糖。但在过去，想给咖啡加点甜味却很不容易。人们要先买一块又大又硬的糖，叫作"糖块"，然后把它切成小块。要是在黑暗中切糖，有时就会看见一道闪光！

魔法开始

用一些方糖或薄荷糖块，你就可以重现这种神奇的现象。你需要一个非常黑的房间，一个干净的食品袋，一把大钳子，还有一位大人帮忙。

先在袋子里放一些糖块，封口。再带上所有东西进入黑暗的房间。请大人隔着袋子，用钳子把糖块夹碎。（袋子会包住糖的碎片，不会掉得到处都是。）

仔细观察，糖被夹碎的时候是不是会有蓝绿色的闪光？

为什么？

光来自太阳、床头灯、蜡烛火焰，甚至发光的萤火虫。 光是一种能量，只能从另一种能量转化而来。比如蜡烛中的蜡是一种燃料，因为它含有化学能，蜡烛燃烧时就会产生光。床头灯能把电能变成光。

糖块被夹碎时，运动产生的能量变成了光。这种光有专门的名字——"摩擦发光"。"具体是怎么变的？"呃——以后再说！(其实科学家们也不清楚！)

你知道吗？

还有其他方法可以制造出摩擦发光的效果。试试迅速扯下一块胶带，撕下膏药或绷带的背胶，或者撕开粘好的信封口。也可以咬碎薄荷糖或方糖，让它在嘴里闪闪发光！

让激光变弯

用激光笔指向地板或墙壁，那里就会出现一个点。因为光是直线传播的。那么，怎样才能让激光束转弯呢？

呜呜呜呜，安全警告！

错误地使用激光笔会对你的视力造成永久性伤害。
使用激光笔前请阅读并遵循这些安全提示，并请大人全程监督。

· 打开激光笔之前，要先确认它没有指向自己或其他人。
· 永远不要用激光瞄准或照射任何人、动物、任何发光或能反光的表面。

魔法开始

你需要一支激光笔或激光逗猫棒、一个透明的大塑料瓶，一只碗或水桶、一把椅子、胶带和锋利的剪刀。

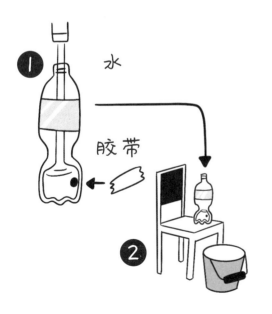

先让大人用剪刀在瓶子上钻一个小洞，距离瓶底大约 8 厘米。用胶带把洞蒙住，然后把瓶子装满水，拧上瓶盖。

把瓶子放在椅子上，碗或桶放在地板上接水。

③

关掉灯，让激光笔隔着瓶子，对准对面的小洞，然后打开激光笔。现在，打开瓶盖，撕下胶带。

会有一道弯曲细长的水流从瓶子里流出来。如果你用激光笔隔着瓶子对准小洞照过来，光束会顺着水流一起，弯弯地照下来。用手接住水流，激光会把你的手照亮！

为什么？

激光束穿过小孔时，会在水流内部来回反射，一次次改变方向。它在水流内部来回反弹，以之字形向前运动。水流就像一根管子，激光束沿着管子的方向向前，水流弯曲它也会弯曲。

你知道吗？

光纤电缆也是这样工作的，不过里面的光不是在水中，而是在非常薄的柔性玻璃管中来回反射。

巴掌大的朋友

想象一下，如果你有一个巴掌大小的朋友，那该多酷啊！在相机的帮助下，你完全能制造出这种视觉效果。

魔法开始

你只需要一部相机或智能手机，还有大大的、平坦开阔的空间，比如海滩、运动场或校园。再加上一位朋友，一个日用品，比如球、水瓶或鞋。

让你的朋友站远一点，再把日用品放在你旁边的地上。

现在你要靠近地面。从你的视线看过去，朋友的脚正好在日用品上面。他离你远得多，所以会显得特别小。只要你找到合适的角度，就能拍出这样的照片：一个正常大小的物体，上面站着一个非常小的人！

为什么？

这一切都与透视有关——透视是指物体远近不同，看起来也会不一样。

如果一个物体离你较远，它发出的光束要传播更远，才能到达你的眼睛。这样，当光束进入你的眼睛时，角度就变小了，物体或人在你看来就变小了。

当然，你不会认为他们突然缩小了，因为你知道他们离你很远。但在照片中，你可以让这个小人显得很近，所以能创造出一种很酷的效果。

你知道吗？

你可以用这种方法创作各种有趣的照片。

比如你的朋友被一个巨大的机器人或龙追赶？（其实只是个玩具！）

再比如坐在另一个朋友的头上？

翻转水

告诉朋友，你可以在纸上画一个箭头，然后让它改变方向——不用触摸或移动纸张哦。

魔法开始

找一个侧面垂直的透明玻璃杯。在一小张纸上画一个指向侧面的箭头，然后把纸放到杯子后面。画面朝外，贴到杯子外壁上。让你的朋友透过玻璃杯看着箭头。然后当着他们的面往杯子里倒水，倒满为止。嗒哒！

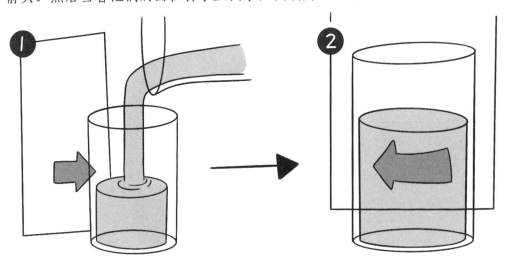

为什么？

你透过玻璃杯看见箭头时，它发出的光其实已经轻微地折射弯曲了。倒上水，光线会弯曲得更严重——严重到光线进入你的眼睛之前，就已颠倒了。所以箭头看起来就像翻转了一样！

看见声音

想不想看看，你唱歌的声音是什么样子？

魔法开始

你需要一只圆柱形的塑料桶，旧的食物桶就可以，还有一只卫生纸卷筒。在塑料桶侧面画一个圆，让大人沿着圆抠一个洞，大小正好适合纸筒穿过。在塑料桶顶部蒙一层保鲜膜，拉紧，并用松紧带固定。在保鲜膜上撒一些细细的粉末，比如磨碎的肉桂粉或糖霜粉。

现在扶住塑料桶，对着纸筒唱歌。你唱出不同的音符，粉末就会排列成不同的图案。

为什么？

声音是由物体的振动产生的。唱歌时，你要振动声带。声音会使纸筒里的空气和保鲜膜振动起来。不同的音符让粉末向不同的位置震动，哪里振动最小，粉末就会在哪里聚集。

弹簧音效

嗡——！呜——！你有没有想过，电影、电视和电子游戏里的科幻音效是怎么做出来的？在家里试试这种低技术含量的音效吧！

实验开始

你需要一个金属的玩具弹簧和一个纸杯。把杯子倒扣过来，请大人帮忙在杯底划一道小口。把弹簧的一头从小口穿过来，让它平贴在杯子底部，再用强力胶带固定住。

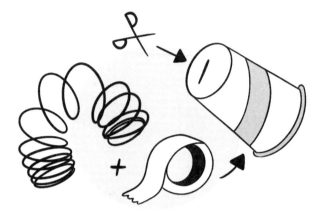

现在，只需要把杯子扣在耳朵上，摇动弹簧，让它上下弹跳，或者用金属勺敲打它，你会惊讶地发现，自己听到了来自太空时代的声音！

为什么？

摇晃弹簧，它就会振动起来，发出声音。平时听不太清楚。但这次加上了纸杯，弹簧带动纸杯，纸杯又带动了里面的空气。所有东西都振动起来了。纸杯圆锥形的结构把振动传导到你的耳朵，让声音听起来更大了。

声音如此怪异，是因为振动在发生变化，随着弹簧的弹跳和伸缩，震动也在加快或变慢。

你知道吗？

你还可以把另一个纸杯粘在弹簧另一头，制作一个科幻变声器。把纸杯放在耳边，让别人对着另一头的杯子说话吧！

吸管长号

没有自己的长号？别担心，这个乐器瞬间就能做出来。（只比真正的长号小一点点！）

魔法开始

只要知道方法，你就能让一根塑料吸管演奏音乐。首先，把吸管的一头压扁，再剪成下图这种尖尖的形状。把尖尖的一端放进嘴里，用门牙轻咬，咬到距离尖头约 2 厘米的位置。轻轻地吹，听……呜呜！

想把它变成长号，就要再拿一根吸管，从侧面切开，套到第一根吸管的另一头（不尖的那头）。

用纸剪出一个直径约 15 厘米的半圆，做成圆锥形，用胶带粘好。

在圆锥顶端剪一个小洞，把第二根吸管穿进去。再用胶带把吸管和圆锥接触的地方加固一下。

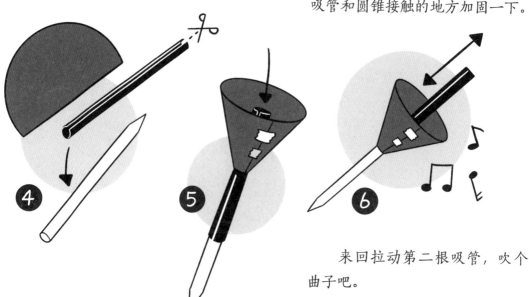

来回拉动第二根吸管，吹个曲子吧。

为什么？

当你向吸管里吹气时，吸管头上两个尖尖的片状物就会振动并发出嗡嗡声。这让管内的空气也振动起来。管子变长时，振动变慢，发出的音调变低，反之亦然。

你知道吗？

真正的长号并不是这样工作的。长号响起时，其实是你的嘴唇在颤动。但是木管乐器，比如双簧管和单簧管，就是这样工作的。它们有一个芦苇片负责振动发声，芦苇片的振动方式与吸管尖端的振动方式是一样的。

自制手机扬声器

你可以把手机插到电子扬声器上播放音乐，当然也可以做一个很棒的自制版。不需要电池哦！

魔法开始

你需要一个长纸筒，两个纸杯，一部智能手机或平板电脑。

把手机的底端对准纸筒中间，沿着轮廓在纸筒上描一圈。

让大人帮忙沿着描的线掏一个洞。这样手机就可以竖着插进去。

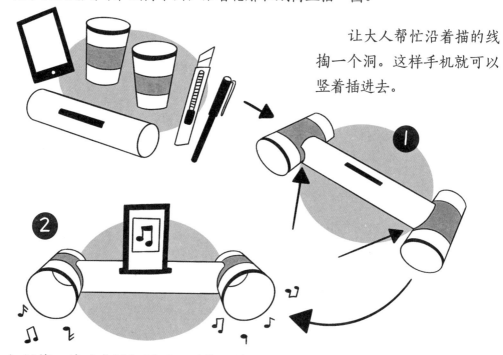

把纸筒一端对准纸杯侧面，用笔沿着边缘描个圈。沿着圈在纸杯上掏一个洞，把纸筒插进去。另一只纸杯也这么弄，插到纸筒另一头。

打开手机音乐，确保手机的喇叭在底端，而且已经插进了纸筒。杯口要朝向你。跳舞时间！

为什么？

手机自带的小喇叭产生的振动会传递到纸筒、纸杯和里面的空气上。

纸杯让声音从同一个方向，朝向你传出来，所以音乐声就变大了。

你知道吗？

在电脑和电子扬声器出现之前，人们听的音乐唱片是用上发条的留声机播放的。声音是从一个大喇叭里传出来的。

弯曲的水流

什么无形的神秘力量能不用接触，就把一股水流拉到一边？答案是静电！

魔法开始

找个塑料的小东西，比如梳子，在你的头发（或毛衣、毯子）上来回摩擦几秒钟。

然后去水池边打开水龙头，让它流出一条又细又直的水流。拿着梳子靠近水流，但是不要碰到。看，它向梳子的方向弯曲了。

为什么？

静电是在物体中积聚起来的电荷。 静电不像沿着电线流动的电流，它是静止（或"静态"）的。有些材料不擅长让电流通过它们，比如塑料。静电通常会在这类材料中产生。

你用头发摩擦梳子时，被称为"电子"的微小粒子会从头发转移到梳子上。于是梳子就获得了额外的电子。电子带负电荷，即"－"电荷。而水带正电荷，即"＋"电荷。异性相吸，就像磁铁一样，所以水流就被梳子拉过去了。

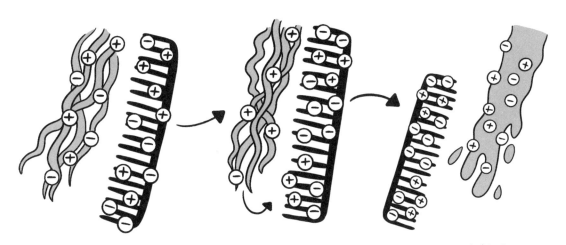

一开始，梳子和头发上都有数量相等的质子和电子。

摩擦时，电子从头发上转移到塑料梳子上。

现在，梳子带静电了，会把不带静电的物体——比如水——吸引过来。

你知道吗？

一位名叫泰勒斯的古希腊科学家用琥珀摩擦猫毛时发现了这种现象。他发现摩擦过的琥珀会把非常小的东西——比如种子，吸引过来。

用猫毛也可以哦！

喵呜？！

易拉罐滚滚赛

静电还能让空易拉罐自己滚动起来。

魔法开始

你需要一只吹好的气球和一只干净的空易拉罐。用气球摩擦你的头发（如果你不介意头发变乱）、羊毛衫或毛毯，为它充上静电。

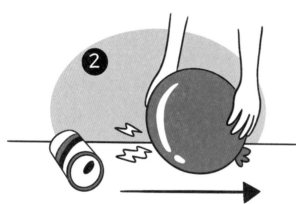

把易拉罐放在桌子或平坦光滑的地板上，拿着气球靠近罐子，它就会滚向气球。继续让气球靠近罐子，既不能碰到，又要让它继续滚动。你能让它滚多快？

来比赛吧！给每人发一只气球和一只易拉罐，画出起点和终点，看谁的罐子最先到达终点。3、2、1开始！

为什么？

跟水流弯曲的实验一样，摩擦使气球得到额外的电子，让它带上了负的静电。所以它能吸引（或拉拽）易拉罐中带正电荷的粒子。易拉罐很轻，让它滚动不需要很大的力，所以你可以让它跑得很快。

你知道吗？

　　用气球摩擦头发时，你会发现气球也在吸引头发，让它们竖了起来。因为气球从头发里得到了额外的电子，而头发失去了电子。气球带上了负的静电，而头发带上了正的静电，所以它们会互相吸引。

悬浮麦片

建造一个悬浮室，看着你的麦片离开地面！

魔法开始

你需要一个较浅的金属托盘（比如烤盘）、烘焙铝箔、卫生纸筒和一个大大的透明塑料盖——塑料食品盒上的那种就可以——以及一些膨化麦片——膨化大米花效果也很好。

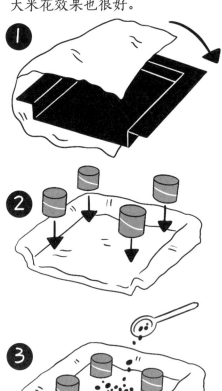

先用铝箔把托盘包好。托盘底部、侧面和边缘都要包上铝箔，然后压平。

然后切下四段纸筒，高度要稍微能从托盘里伸出来。把它们分别放在盘子的四角（圆盘子的话就围成一圈）。

现在往盘子中间撒些麦片。

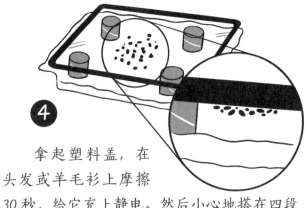

拿起塑料盖，在头发或羊毛衫上摩擦30秒，给它充上静电。然后小心地搭在四段纸筒上，别让它碰到铝箔。看，麦片会跳起来粘在盖子下面！

为什么?

塑料盖得到电子,带上了负的静电,就会吸引麦片中带正电的粒子。麦片会跳起来,粘在盖子上——不过麦片也在从塑料盖里收集静电,所以有些麦片可能会跳上跳下,甚至在半空中悬浮一秒!

你知道吗?

用手指触摸塑料盖,麦片就会跟着手指跳起舞来。你觉得这是为什么呢?

小小闪电

闪电是一种来自天空的巨大能量，它可以摧毁建筑，引发森林大火，甚至电击伤人。但你知道吗？闪电也是一种静电。

魔法开始

你可以制作属于自己的小小（而且更安全的）闪电。一只气球，一把勺子和一个黑暗的房间就够了。气球吹鼓绑好，在毛衣或毯子上摩擦30秒，充上静电。

一只手拿着气球，另一只手拿一把金属勺（不要让它们碰到）。进入一个黑暗的房间，让勺子和气球慢慢靠近，近到几乎触碰在一起时，你会看到一个像闪电一样的火花出现在它们之间的缝隙里。

为什么?

当电子在不容易导电的物体中聚集时，它们会在一个位置累积，**产生静电**。如果这时物体接触到容易导电的材料，多余的电子就会向对方流动，并释放出来。

如果电量足够大，电子甚至可以穿越物体间的空隙，在空气中流动。这种流动会让空气变热，并产生你看见的那种火花。

你知道吗?

云层在空中移动时，电荷会在它内部聚集起来，于是就产生了闪电——也就是在云层和地面之间跳跃的巨大火花。如果这时候地面上有一个物体，比如一棵树，一座塔，或者一个人，电子就有可能从中穿过，也就是我们说的"被闪电击中"。这就是为什么雷雨天不能站在山顶!

飞翔的圆环

注意——这个静电魔法有点难！先练习一下再给朋友表演吧！

魔法开始

从塑料食品袋上剪下一个长条。 从中间剪，打开了就是一个薄薄的塑料环。把它放在平整的表面上，用毛巾或毛衣摩擦30秒，充上静电。

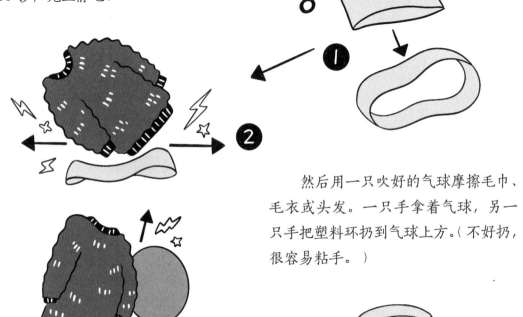

然后用一只吹好的气球摩擦毛巾、毛衣或头发。一只手拿着气球，另一只手把塑料环扔到气球上方。（不好扔，很容易粘手。）

一旦你成功地把塑料环扔到气球上方，它就会立刻展开，变成环形。而气球虽然没碰到圆环，却在下面把它推向空中。

你能让它在空中停留多久？

为什么？

在这个实验中，你给气球和塑料环充上了额外的电子，所以它们都带上了负电荷。相同的电荷会互相推开彼此，也就是互相"排斥"。所以气球就把圆环推开了。环中的塑料也会彼此排斥，于是它伸展开来，成了环形。

颠倒的重力

把一个回形针系在一根绳子上，握住绳子，回形针就会垂下来，对吧？不过，你可以让它克服重力，向上飘——一块强力磁铁就能帮你做到。

魔法开始

先找一个不带盖子的中号纸箱，鞋盒就可以。在盒子的一侧用剪刀或铅笔尖戳一个洞。

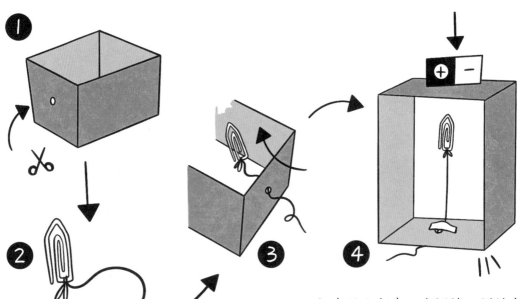

把一个金属回形针系在细绳的一头。把回形针放进盒子，让细绳的另一端从小洞穿出来。

把盒子立起来，有洞的一侧放在地上。在盒子顶上放一块强力磁铁，要正对着底下的小洞。把回形针向上拉到离盒顶不远的地方，你会感觉到磁铁正在往上吸它。留出合适的长度，剩下的绳子就用胶带牢牢粘在盒底。看，你的回形针立起来了。

为什么？

磁铁为什么有磁力？ 这和原子之间的作用力有关。原子是构成物质的微小颗粒。在大多数物质里，这些作用力会指向四面八方。而在磁铁里，所有的力都指向同一个方向。这就产生了很大的拉力，能把别的物体（比如回形针）吸过来。

不过，磁力只对少数几种材料起作用，包括金属铁、钢（钢的主要成分是铁）和镍。所以这个实验只能用金属的回形针来做。

你知道吗？

现在你可以用回形针做一些测试。用多大力气推回形针（或者把绳子拉回多远），才能让它逃脱磁铁的引力？如果你移动磁铁，会发生什么？如果用橡皮筋代替回形针，又会怎样？

北方在哪里？

2000 多年前，中国的古人发现了一种神奇的东西。如果让一种天然带磁性的石头——磁石自由悬挂，它就会自己转起来。等它停下来，它的两头会分别指向北方和南方。

魔法开始

取一根缝衣针和一块磁铁。按住针，用磁铁朝同一个方向摩擦针，摩擦大约 50 次。这样会使针磁化，把它也变成一根磁铁。

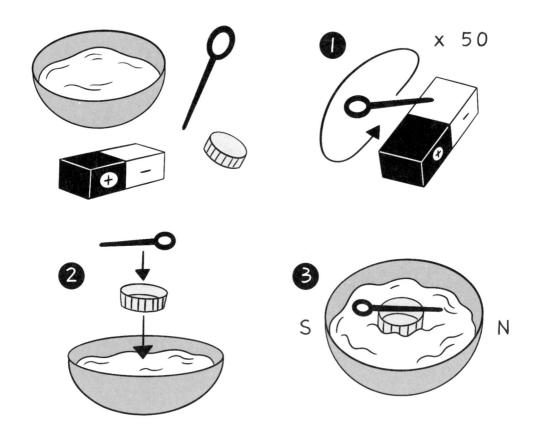

然后在一个宽口的浅碗里装满水，碗里漂一个小塑料盖或一块工艺泡沫，就像小船一样。把已经磁化的针轻轻搭到瓶盖上。等水静止下来，针的两端应该会分别指向北方和南方。

为什么?

磁铁和被磁化的东西总是尽可能指向南北方向。
这是因为地球也有磁性!

熔化的岩石和金属在地球内部旋转,把地球变成了一块巨大的磁铁。磁铁都有两极,南极和北极。听上去是不是很熟悉?
地球的北极和南极会分别吸引磁铁的南极和北极。

指南针上有一根磁针,还标注着罗经点(各个不同的方向)。针尖指向北方,这样,你就能推算出其他所有的方向了。

走那边!

你知道吗?

一开始,这一发现并没有被应用于航海,而是寻找盖房子的地点。
最终,人们意识到磁铁可以用来在海上指引方向,并开始制作便于携带的款式。

磁力绘画

你想不想看颜料自动作画，就像施了魔法一样？只需要一块磁铁就能演示这个魔法。

魔法开始

你需要一块磁铁和一张不容易卷边的厚白纸。把一个金属回形针放在纸上，也可以用别的金属小物件，比如纽扣或安全别针。（先试一下，确保它能被磁铁吸住。）

然后取一些黏稠的颜料——海报颜料就行——在纸的不同位置滴上不同的颜色，其中一种颜色正好滴在回形针上。

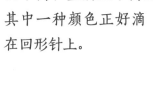

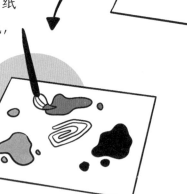

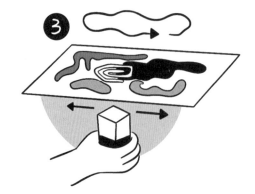

把一块强力磁铁放在纸下面，吸住别针。来回移动磁铁，它会拖着回形针，带动颜料画出线条。让回形针穿过其他颜色，混合出不同的色彩，创造你的磁力画吧！

为什么?

磁铁可以吸引金属物体，即使有另一种物体挡在中间，比如这个实验中的厚纸。

不过，中间的材料不能太厚，也不能是磁铁或磁性金属。看看磁力还能穿透哪些物体发生作用——织物、纸张、饼干，甚至你的手？

磁悬浮

如果有两块磁铁，你会发现，它们接触的位置不同，结果也会不同。它们有时互相吸引，粘到一起，有时却互相排斥，彼此分开。

你可以利用排斥力让磁铁悬浮！

魔法开始

用两块环形磁铁做这个实验，效果是最好的。把两块磁铁放在一起，观察哪两面会推开彼此，即互相排斥。把它们套在一支铅笔上，让相互排斥的两个面彼此相对。

竖起铅笔，同时拿住下面那块磁铁。瞧，上面那块浮起来了。就算把它摁下去，它还是会弹回来！

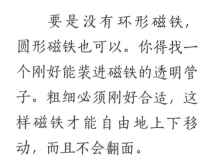

要是没有环形磁铁，圆形磁铁也可以。你得找一个刚好能装进磁铁的透明管子。粗细必须刚好合适，这样磁铁才能自由地上下移动，而且不会翻面。

为什么？

磁铁都有两极，叫作南极和北极。和静电一样，异性相吸。所以磁铁的北极端，或北极面（如果是环形或圆盘状磁铁的话）会吸引另一块磁铁的南极端或南极面。但是把两个南极或两个北极放在一起，它们会互相排斥，推开彼此。

你知道吗？

顾名思义，"磁悬浮列车"就是利用磁性悬浮建造的。磁斥力让火车悬浮在轨道上方，所以它很容易滑行。

磁链

现在你知道了，金属回形针会粘在磁铁上。那你知道吗？它还能把磁性传递给一整串的回形针！

魔法开始

你需要一块磁铁和很多金属回形针。举起磁铁，在旁边放一个回形针，它会被磁铁吸住。再把第二个回形针放在第一个底部。也被吸住了！

继续添加回形针。它们会形成一个长链，虽然只有第一个回形针接触到了磁铁。

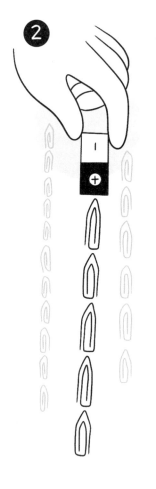

③ 现在，把第一个回形针从磁铁上扯掉，看看会怎样。

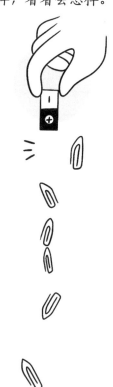

为什么？

磁铁吸引金属物体时，它会吸引金属内部的原子，让它们都指向同一个方向。于是，这个物体也变成了磁铁。如此一来，磁性就传递到了链条上的每个回形针上。

磁力秀

在神奇的磁力舞台上为你的朋友们表演一场磁力秀吧!

魔法开始

用胶水或胶带把金属回形针粘在玩具小人或小动物的脚底下（不要用你最好的玩具），把它们放在用结实平滑的卡纸做成的舞台上。在卡纸下面移动磁铁，让你的角色活起来吧!

你可以用硬纸板箱做一个完整的模型玩具屋。周围有墙，下面留有空间，可以从后面把磁铁伸进去。可以尝试把磁铁粘在长棍上。

你能利用磁斥力让某个角色跳跃或摔倒吗?

为什么?

这种舞台是利用磁力让物体动起来的。很多玩具都是这样的。日常生活中，磁铁的用法还有几百种! 你能想出几种?

穿过地板

欺骗朋友的大脑，让他产生怪异的感觉！ ——你可以和他一起做。

魔法开始

让你的朋友脸朝下趴在地板上，两只手臂往前伸。告诉他放松身体，闭上眼睛。现在，握住他的双手，轻轻往上拉。让他的手臂、头部和上半身离开地板。（要是有两个人，就一人拉一只手，会轻松点。）

保持这个姿势几分钟，然后慢慢把他放回地板。随着身体的下降，他会感觉自己正在坠落，直接穿过了地板！

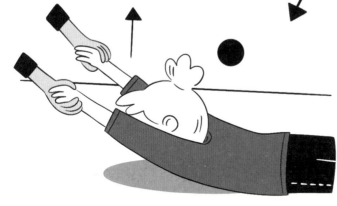

为什么？

大脑知道你的身体在哪里，是因为你有一种特殊的感觉，叫作"本体感觉"。遍布全身的神经会向大脑发送信号，告诉它你现在的位置。你抬起手臂，大脑就会感知到。但手臂在那个位置停留几分钟后，大脑就习惯了，不再注意这些信号，它会以为你并没有抬起手。然后身体下降时，大脑会以为你是从平地开始下降的。可它又知道下面有个地板，于是它决定，让你穿过去！

你知道吗？

你的大脑并不总是对的。从所有感官传递到大脑的信息实在太多了，大脑能处理的只是一部分，于是它只能基于以往的经验来猜测和假设。所以，它有时候就会犯错误。

眼见不一定为实

是不是有时候会觉得自己看到了并不存在的东西？也许你是看见了——但那只是你的眼睛在欺骗你！

魔法开始

这个实验很简单，你只需要盯住右边的图片，不要移动视线，坚持大约一分钟。为了保证你一直看同样的位置，就盯着小女孩的鼻子吧！

60秒结束后，迅速看一眼右边的空白处，能看到什么？

奇怪吧？再试试这个。在纸上画一个这样的螺旋，找一支铅笔从中心穿过去。

眼睛盯着螺旋的中心。慢慢转动铅笔，带动螺旋转起来。60秒后，看一下你的手背。

为什么?

这种现象叫作视觉残像。 看东西的时候，光会从物体进入你的眼睛，触发眼球后部的感光细胞。如果你长时间看着同一个东西，细胞就会习惯相同颜色或图案的刺激，变得不那么敏感。

接下来，当你看白纸的时候，你的眼球会看到跟之前图像相反的东西（但只能持续一小会儿），所以你看到一幅黑白颠倒的画。

转起来后，螺旋仿佛在变大或缩小（取决于你旋转的方向），你的眼球会慢慢习惯。然后，当你看着手背，大脑就会认为，它在朝反方向转——虽然根本没有东西在转！

味觉

是不是觉得不同食物的味道很容易分辨？那你肯定会惊讶的。

魔法开始

你需要三种口感相似的食物，比如苹果、胡萝卜和卷心菜。把它们分别切碎，放进三只碗里。

做测试的人不能看见你准备的食物。给他蒙上眼罩，再给他一把勺子。让他捂住鼻子，品尝这三种食物，顺便告诉你，他吃的是什么。他能说对吗？

为什么？

大多数人会发现，三种食物竟然很难区分！ 这是因为，你在感知事物时，一般不会只用一种感觉。其他感官也会被调动起来，帮你弄清到底发生了什么。

味觉上尤其如此。吃东西的时候，你的鼻子会探测到食物中的化学物质，味蕾也是。要是没有鼻子，许多食物尝起来都一个味。

你知道吗？

　　如果一种常见的食物，比如面包或意大利面，被做成蓝色，大多数人就不想吃了——尽管味道跟以前一模一样。因为你的大脑会觉得这种食物不对头，让你产生"不要吃！"的想法。

记忆天才

邀请你的朋友或家人来挑战这个记忆力测试，但是别告诉他们你有秘诀！

魔法开始

先收集10种小件的日用品，比如右图这些。把它们放在托盘上，拿一块布盖住。

找一个人，给他一支铅笔和一张纸。让他盯着10个东西看30秒，尽量记住它们的名字。

先揭开布让他看30秒，再重新盖好。东西一盖上，他就可以写下自己记住的物品名称。

写得怎么样？大多数人会发现根本不简单！

为什么？

为什么大脑能储存成千上万件事情，却连这10件简单的东西都记不住？原因在于，我们有两种不同类型的记忆系统——短期记忆和长期记忆。短期记忆不能一下子储存太多信息，而且很快就会忘记细节，除非它们对你很重要。重要的事，还有那些经历过很多遍的事，就会转化为你的长期记忆。

不过，有个技巧可以帮你在测试中做得更好。你一看到这些东西，就赶快编一个故事，把它们全部包含进去。我们更容易记住互相关联，而且有意义的事物。在脑中重复这个故事，你就更容易记住这些东西。

例如：

泰迪在阳光下（戴着**墨镜**）出去，却掉进了湖里（**水瓶**），于是回到了她的**砖房**。她找不到**钥匙**，就用一根**小树枝**把锁撬开。然后她泡了一杯**茶**，用**勺子**搅拌着，坐下来吃**苹果**，看**书**。

消失在视野里

这个魔法有点不一样——它是大脑跟你开的玩笑！不管视力多好，你的视野里都有一个洞，叫作视觉盲点。只不过你的大脑把盲点藏起来了！

魔法开始

先试试这个测试。下面这幅图里有一个十字和一个圆点。脑袋放在十字和圆点中间。闭上或遮住你的左眼，用右眼看十字。盯住十字，慢慢地前后移动你的头。

你会发现，有些时候圆点不见了。直接盯着圆点看，就不会发生这样的情况。但要是专注地盯着十字，圆点就会从你的视野里消失。

为什么？

眼球的后面有一个视网膜，它是一块布满感光细胞的组织。

每个视网膜上都有一个洞，那里有一束神经连接到大脑。但你的大脑不让你看到这个洞。你只能通过这样的测试找到它。圆点消失，是因为它的影像这时候刚好落在眼球中那个不能感光的洞上。

试试吧！

还有更奇怪的。 再试试这个原理相同的实验。圆点消失时，你看到的不是空白（尽管你的眼睛在那里探测不到任何东西）。相反，你看到的是背景的网格！因为你的大脑复制了盲点周围的背景，并用它填补了空白。

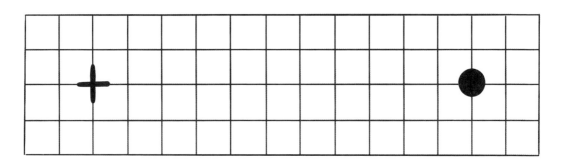

真希望我在那头狮子的视觉盲点里。

瞬目反射

想象一下，有人走到你面前，忽然往你脸上泼水。你的第一反应肯定是皱起脸，紧紧闭上眼睛。闭眼的动作甚至发生在你喊出来之前——这是你的身体为了保护自己，自动做出的动作，叫作反射。

魔法开始

你需要一张透明的塑料板，也可以用一扇透明的玻璃门代替，如果你能找到的话。请朋友把塑料板举到他面前，或者面朝玻璃门站好。

现在隔着塑料板或玻璃门，朝他的眼睛扔棉花球或小纸团。会怎么样？虽然知道打不到自己的眼睛，他还是会忍不住眨眼。事实上，就算你让他不要眨，他也很难做到。

为什么？

我们的身体拥有反射机制，让我们不用思考，就能立刻做出反应，从而帮助我们生存下来。当我们做出反射时，感官发出的信号会抄近路到达肌肉，所以不等大脑做出决定，肌肉就会先做出反应——这让我们反应更快，也让我们更安全。

比如，有东西靠近你的眼睛时，立刻眨眼能够保护视力。要是碰到很烫的东西，你会在一瞬间把手缩回去，这样就不会被严重烫伤。

你知道吗？

阻止反射是可能的。但是你必须非常努力地集中精力，才能控制你的肌肉。在瞬目反射的实验中，你能控制住自己吗？

异己手

告诉朋友，你会让他相信橡胶手套是他自己的手……他肯定觉得你疯了！

魔法开始

做这个实验要非常有耐心。 先找一只橡胶手套，在里面装满大米或沙子，让它更有形，再用橡皮筋扎紧。你还需要两支毛笔，一块布（洗碗布最好），一个细长的盒子用作隔板。

让你的朋友站在桌边，把他那只和手套相配的手（比如右手）放在桌上，用隔板把这只手和他的视线隔开。

把橡胶手套放在隔板旁边他能看到的地方。用那块布盖住手套的"手腕"，做成袖子的样子。

现在分别用两支毛笔，同时刷他的真手和橡胶手套。刷的位置要完全相同。多刷一会儿，确保两只毛笔对两只手做的动作完全一样。

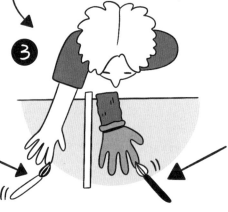

不一会儿，你的朋友会"感觉"毛笔刷在橡胶手上，就像刷在自己的手上一样，开始相信橡胶手套真的是他自己的手！

为什么？

这个实验也说明，我们判断眼前的事物时，会用到不止一种感觉。一般来说，你看到的东西会极大地影响你的感觉。如果你看到面前有一只手被毛笔触碰，而且你也的确感觉到被毛笔触碰，大脑就会假设，你看见的这只手就是你自己的手——即使它看起来根本不像真手！这就是被称为"异己肢体"的错觉。

几个鼻子?

你的大脑知道你只有一个鼻子——但你可以让它相信有两个。

魔法开始

食指和中指尽量交叉，组成一个夹角，如下图。然后，用这两根手指夹住鼻尖的两侧，轻轻上下摩擦。没错吧?——你会感觉自己有两个鼻子!

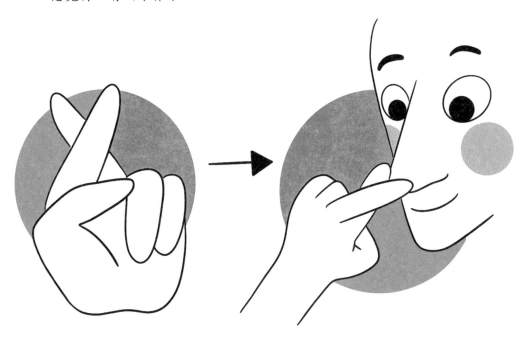

为什么?

当你的大脑接收到来自感官的信号时，它会根据以往的经验来判断发生了什么。在这个实验中，食指和拇指的外侧都接触到了你的鼻子。通常情况下，如果这两根手指的外侧同时接触到物体，意味着它们接触的是两个不同的表面。于是你的大脑认为，你摸到了两个东西。

你的鼻子有多长?

还想做关于鼻子的实验吗?还有一个。这次你需要两个人,而不是两个鼻子。

魔法开始

这就是所谓的"匹诺曹错觉"。你和朋友一前一后坐在两把椅子上,后面的人要蒙上眼罩,一只手抚摸自己的鼻子,另一只手伸到前面,用一模一样的动作同时抚摸前面那个人的鼻子。过一会儿,后面的人就会觉得,自己的鼻子好长啊!

你知道吗?

在这个实验中,因为你看不到任何东西,所以被来自触觉的信息弄糊涂了。一条信息告诉你,自己的鼻子被碰到了,另一条信息告诉你,触碰鼻尖的是离你的脸很远的那只手。你的大脑糊涂了,于是觉得你的鼻子一定很长!

笼中鸟

这个简单的玩具叫作"西洋镜"或"留影盘"。它会欺骗你的大脑，把两幅画叠加成一幅。

用白色卡纸剪一个直径约 8 厘米的圆。正面画一只鸟，反面画一个笼子（也可以画其他你想叠加在一起的图片。比如鱼缸和鱼，或者马和骑手）。

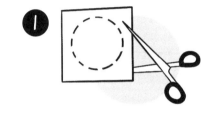

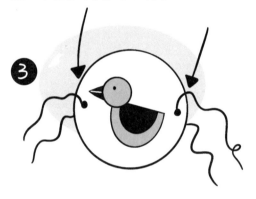

顶部

正面

顶部

反面

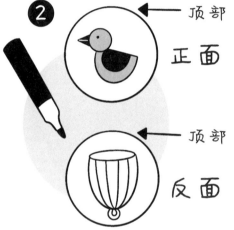

在卡片边缘打两个洞，找两根绳子分别穿过去系好，做成绳圈。拉住两个绳圈，朝一个方向不停地翻转卡片，直到绳子扭转，再拉直，卡片就会旋转起来（像溜溜球）。

为什么？

来自眼睛的视觉信号传递到大脑后，会在脑中停留一下。

留影盘变换图片的速度，比视觉信号在脑中消失的速度还快，于是就把大脑欺骗了。所以你会看到，两张图片叠加在一起了。

迷你电影

你可以利用相同的原理制作迷你电影！

魔法开始

你需要一个较厚的小记事本，一本便利贴也行。 在第一页的边缘或角落画一个简单的图形，比如火柴人或植物，在下一页同样的位置再画一遍，但要稍微改变一点细节。每一页的图片都要略有不同，表现出人物的移动或花卉的生长，或者你喜欢的其他东西。快速翻页，你就会看见，画面动起来了！

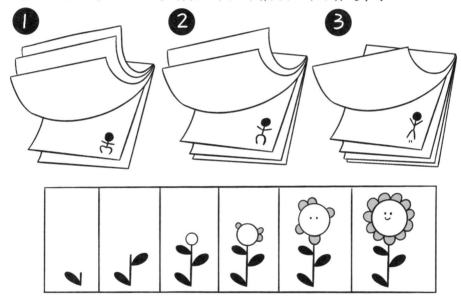

为什么？

在日常生活中，你的大脑习惯于看到移动的事物。 当大脑看到一连串图片在快速展示某个事物不同阶段的变化，就会把它们拼凑在一起，并"填补"中间的空白，把它们看成一个移动的物体。真正的电影也是这个工作原理！

手上的洞

在你的手上弄一个洞，用一根纸筒就能做到。而且不疼哦——我保证！

魔法开始

你需要一根长约 30 厘米的硬纸筒。用一只手举着纸筒放到一只眼睛上，通过纸筒往外看，两只眼都要保持睁开。另一只手伸开，放在纸筒旁边大概中间的位置，用另一只眼睛看看这只手。没错吧？你的手上有个洞！

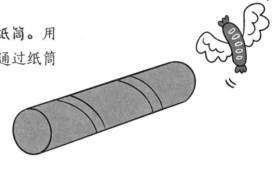

为什么？

你的两只眼睛会分别向大脑发送周围世界的画面，两幅画面略有不同。大脑会把它们合起来，所以你只能看到一个画面。如果一只眼睛通过纸筒往外看，另一只看你的手，两只眼睛就会向大脑传递两幅完全不同的画面。但大脑仍然会把它们合起来！

会飞的香肠

只需要自己的眼睛和两根食指，你就能做出一根会飞的魔法香肠。

魔法开始

两只食指相对伸出，几乎触碰在一起，如右图。放在离眼睛20~30厘米的位置。

直接看着手指，你不会发现什么异常。但如果你盯着中间的缝隙，看向房间的另一头，或者看向窗外的风景，你就会看见一根香肠！它正神奇地飘浮在你两根指缝间。

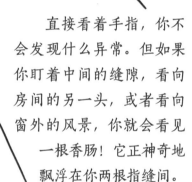

为什么？

将视线聚焦在离自己很近的东西上，你会看到清晰的图像。可是，当你看向远方，眼睛就会在远处聚焦。双眼不在手指上聚焦，两只眼睛看到的手指图像就会出现在两个不同的位置。画面互相重叠，两根指尖就组成了香肠的形状。

飘浮的胳膊

这个实验站在门口就能做。你不会相信自己的胳膊！

魔法开始

站在门口（室内的房门口，不是室外的大门口），保持手臂伸直，两只手背撑在门框内侧。用力撑住，保持这个姿势一分钟。时间到了就走出门，放松手臂。你会发现，两只手臂飘起来了，就像系在氦气球上一样！

为什么？

你的大脑一直在给手臂发信号，让它们用力往外撑，但它们被卡住了。过了一会儿，大脑已经习惯了发送信号，就注意不到自己在做什么了。当你放松下来，信号依然会继续发送一会儿，但你意识不到是自己让手臂抬起来的。所以它们会自动飘起来！

名词注释

视觉残像：当你不再看某样东西时，留在你眼睛里的相反图像。

气压：我们周围大气层中的空气产生的压力。

琥珀：一种坚硬的化石，是树脂变成的。树脂是某些树分泌的黏稠物质。

建筑师：设计建筑的人。

大气层：地球周围的那层空气。

原子：构成物质的微小单位。

吸引：把东西拉过来。

盲点：视网膜的一部分，在眼球后部，不能感知光线。

沸点：某种物质沸腾（或从液体变成气体）时的温度。

暗房：一个小房间或盒子，上面有个小洞让光线进入。洞的对面会出现一个上下颠倒的图像。

碳：存在于所有生物体内的一种重要元素。

二氧化碳：空气中的一种气体，燃料燃烧时也会产生这种气体。

摄氏度：用来测量温度的计量单位。

重心：物体的一个点，围绕着它，物体的重量均匀分布。

向心力：让物体沿着圆形的路径移动，并把它拉向圆心的一种力。

物态变化：一种物质在固体和液体，或液体和气体之间的变化。

化学反应：发生化学反应时，两种或两种以上的物质会结合，生成全新的物质。

色谱分析法：让物质在一种材料（比如纸）上扩散，从而把它的各种组成成分分离出来的方法。

康达效应：液体或气体沿着某个表面流过时，黏着在表面上的现象。

指南针：一种用来寻找北方和其他方向的磁性装置。

晶体：某种物质自然形成的规则几何形状。

密度：特定体积下某种物质的质量。

电荷：自然界存在的一种力，有正电荷，也有负电荷。

电击：电流通过身体。电击会造成伤害。

电子：是微小的粒子，通常情况下是原子的一部分，但也可以作为电流流动起来。

元素：由同一种类型的原子构成的纯净物质。比如氧、碳、金和铁。

能量：是让物体发生变化、进行移动或运转的力量。

泻盐：是盐的一种，类似于食盐，但是由不同的元素组合而成。

膨胀：变得更大。

华氏度：用于测量温度的一种单位。

名词注释

光纤电缆：一种能传输信号的电缆，信息在里面以特定的光信号形式存在。

凝固点：液体凝固，或变成固体的温度。

留声机：一种用来播放音乐的老式机器。

惯性：是物体保持原来运动状态的性质。要么静止，要么移动，除非有外力使其改变。

飘浮：在空中停留。

光源：能发光的东西，比如蜡烛、灯泡或太阳。

天然磁石：天然存在的带磁性的石头。

猕猴：一种猴子。

磁悬浮列车：一种利用磁斥力悬浮在轨道上的列车，不使用转动的车轮。

材料：物质的不同形式，所有东西都是材料构成的。

分子：是由原子组成的微小单位，是组成不同物质的单位。

非牛顿流体：一种类似液体的物质，在不同的情况下会变稠或变稀。

欧不裂：是一种非牛顿流体，成分是玉米淀粉和水。

粒子：非常微小的物质颗粒。

透视：从特别的角度看世界，越远的物体看起来就越小。

聚合物：由链状分子组成的材料，或由更小分子结合成的分子链组成的材料。

本体感觉：大脑对身体的位置和运动状态的感觉。

反射：一种不需要你思考，就会自动发生的身体反应。

折射：光线从一种透明物质（比如水）进入另一种透明物质（比如空气）时发生的弯曲。

排斥：推开。

物态：就是物质能够存在的状态，如固态、液态和气态。

静电：是一种不流动的电，会在物体中累积。

表面张力：是指水分子在水的表面互相吸引，使水似乎有一层看不见的皮肤。

摩擦发光：某些材料被压碎或拉伸时发出的光。

振动：快速地来回运动。

黏度：用来描述液体的性质，它决定液体流动的速度是快还是慢。越稠的液体黏度越大，流速也越慢。